タグチメソッドの探究

技術者の疑問に答える100問100答

宮川雅巳・永田靖［著］

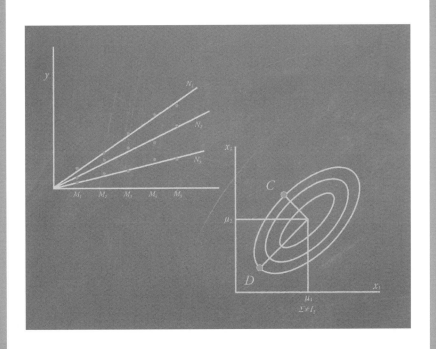

日科技連

まえがき

　田口玄一先生がお亡くなりになってから 10 年余りが経過しました．この間，(一社)品質工学会の地道な努力でタグチメソッドは確実に普及しています．

　筆者は 30 年にわたり，製造業でタグチメソッドの指導をしてきました．その過程で，技術者からタグチメソッドに関するさまざまな質問を受けてきました．初歩的なものもありましたが，なかには学術論文のテーマになった問題提起もいただきました．田口先生は，手法の理屈や理論については詳しい説明はせずに，技術者が使いやすいような説明に専念されていました．それゆえ技術者からいくつかの疑問が出てきたのだと思います．そのようななかで，タグチメソッドに関する「100 問 100 答」問答集のようなものがあれば便利だろうと感じるようになりました．

　しかし，タグチメソッドは極めて多岐にわたり，これを一人で扱うのはとても無理だと半ば諦めていました．そこへ今回，早稲田大学教授の永田靖先生のご協力を得られることになったのです．永田先生は，ご高著『統計的品質管理』(朝倉書店)において，タグチメソッドの数理に関する話題を提供するとともに，MT システムに関して多くの学術論文を発表されています．まさに「鬼に金棒」です．

　本書では，狭義のタグチメソッドに限定せずに，田口先生の幅広い業績を対象にしています．田口先生の統計学者としての最高傑作である累積法や精密累積法を取り上げたのは，その現れです．

　本書は全 6 章構成で，第 1 章「パラメータ設計」，第 2 章「SN 比」，第 3 章「直交表」，第 4 章「MT システム」，第 5 章「損失関数」，第 6 章「実験計画法全般」です．関連した質問は近くに配置しました．Q＆A の A では，問題の背景を十分に説明し，実験計画法に関する基礎知識があれば読めるようにしたつもりです．また，例や図を多用し，読者が理解しやすいように努めました．さらに，質問の難易度に応じて星印を付けたので(★：初級，★★：中級，★

★★：上級)，参考にしてください．

　本書がタグチメソッドのさらなる普及の一助になれば望外の喜びです．本書で想定している読者層は，製品設計あるいは生産技術に従事している技術者および品質保証部に所属している技術者です．日々生じる品質問題に悪戦苦闘しているこれらの方々にとって，タグチメソッドは天恵になると信じています．

　これまで筆者にタグチメソッドを実践する機会を与えてくれた㈱不二越，㈱豊田自動織機，富士フイルムビジネスイノベーション㈱，㈱ブリヂストン，日産自動車㈱，サンデン㈱，オムロン㈱の関係各位に感謝の意を表したいと思います．また，神戸大学教授の青木敏先生と東洋大学講師の大久保豪人先生には，草稿を校閲いただき，読者の視点から詳細なコメントをいただきました．本書が少しでも読みやすいものになっているとすれば，それは両先生のお陰です．図表の作成では，事務支援員の渡辺侑子さんの手を煩わせました．本書の出版に際しては日科技連出版社の鈴木兄宏氏，田中延志氏に大変お世話になりました．これらの方々に御礼申し上げます．

　2021 年 12 月

宮川　雅巳

本書の構成と読み方

　第1章では，タグチメソッドの中核を担うパラメータ設計について述べています．まだパラメータ設計を経験したことのない方は，まず★印のQ＆Aに目を通してみてください．パラメータ設計の手順書は既に数多く刊行されていますが，ここでは，例えば誤差因子の外側割付けの意味など，手順書では割愛されている内容を述べています．これらをもとにパラメータ設計に挑んでほしいと思います．パラメータ設計を習得することは，製品設計あるいは生産技術に携わるすべての技術者にとって必須事項だと考えています．また，パラメータ設計の社内講師，社内アドバイザーを務めている方は，★★★印のQ＆Aをぜひご覧ください．これらすべての問いに答えられる方は少ないと思います．

　第2章では，SN比を扱っています．SN比はともすれば天下り的に与えられるので，ここでは，各種SN比の意味を十分に述べました．同時に，通常の統計的方法で使われる検定統計量の多くがSN比として捉えられることを示しました．また，SN比による解析が，誤差因子の影響を受けにくい制御因子の水準があるという交互作用に対して，検出力の高い指向性検定になっていることを，実例を通じて述べました．同時に生データに対するオーソドックスな分散分析を併用することの重要性も示唆しています．

　第3章では，直交表について述べています．直交表実験の最適性を示した後，パラメータ設計で標準的に使われる L_{12} や L_{18} の基本的な性質を明らかにしています．L_{18} 直交表は特性値の最大化を目指すFisher流実験計画法でも有用だと思います．また，和書ではほとんど取り上げられていないシャイニンメソッドによる不良部品探索法やカンファレンス行列を用いた3水準スクリーニング実験についても紹介しています．これらはいずれも実務で有用と考えています．

　第4章では，MTシステムについて述べています．MTシステムを理解する
には線形代数の知識が不可欠です．そこで最初に，必要最小限の線形代数をま
とめました．MTシステムの代表的手法であるMT法では，基本統計量の算
出に使った手元にあるサンプルの異常判定の閾値の求め方と，将来のサンプル
の閾値の求め方をそれぞれ述べ，これらがいずれもカイ2乗分布にもとづかな
いことを強調しました．判別分析との違いや主成分分析との関係も明確にしま
した．さらに，MTシステムのなかでは比較的新しい手法であるRT法やT
法についても，その計算原理を示すとともに，その改良法についても述べてい
ます．

　第5章では，損失関数を取り上げました．損失関数と工程能力指数の関係を
述べています．また，損失関数の最大の成果と考えられる，組立品や下位特性
の部品の許容差の求め方を述べ，「交差配分は一般に誤り」という重要な結論
を導いています．

　第6章では，最終章として，実験計画法全般を論じています．統計学者とし
ての田口玄一先生の最高傑作である累積法を，数値例を通して丁寧に説明して
います．過度な工程調節によるハンティング現象やそれを防ぐための割引係数
法についても述べています．また，入門書ではほとんど触れられていない，自
由度の厳密な定義や，データが正規分布に従うとき平方和を母分散で割った量
が自由度 $n-1$ のカイ2乗分布に従うことの証明を与えています．さらに補
助実験値があるときの一連の分析法を，田口先生が与えた解析指針にもとづき，
実例を通して詳しく説明しています．

目　　次

第1章　パラメータ設計

第 2 章　SN 比

第3章　直交表

第4章　MT システム

第5章　損失関数

第6章　実験計画法全般

第1章

パラメータ設計

Q.1★ 制御因子，標示因子，誤差因子について説明してください．

A.1 因子の分類は，日本の実験計画研究の偉大な成果です．Fisher は，比較対象の因子とは別に，局所管理を行うためのブロック因子という概念を与えましたが，制御可能性による分類はしませんでした．田口先生は，非常に早い段階で，制御因子と標示因子という概念を与え，これは当時の JIS にも採用されました．

制御因子とは，設計や生産の場で，水準の指定も選択もできる因子であり，設計者が値を自由に選べる設計パラメータのことです．科学的実験においては「最適水準」という概念はありません．例えば，ある導体の電気抵抗を調べるときに，電圧を何水準か設定しても，最適水準というものはありません．制御因子という概念は技術的実験に固有のものです．

これに対して，水準の指定はできても，選択ができない因子を標示因子といいます．塗装工程における塗料の色というような品種は標示因子です．

タグチメソッドでは，この標示因子を一歩進めて，水準の指定も選択もできない因子を誤差因子と定めました．誤差因子とは，生産や使用の場において誤

差として扱うもので，これを実験で取り上げ，水準設定したときに因子になります．すなわち，実験の場では水準指定ができますが，生産や使用の場では水準指定できない誤差要因です．品質特性に影響する制御不可能な要因が数多くあることは誰でも知っています．しかし，これを実験に取り上げようという発想は自明ではありません．

　この分類は因子に固有ではありません．例えば塗装工程でのブース内温度という因子を考えてみましょう．空調で温度を変えていき，膜厚が一番安定するのが 18℃ だとわかったとき，そこに設定すれば温度は制御因子です．空調はないが，温度計はあるとき，30℃ 以上になったら，塗料の吹き付け速度を変えるというのであれば，温度は標示因子です．さらに温度計はあるが，使ってないとすれば，温度は誤差因子になります．

　一方，実験計画法の分野では，母数因子と変量因子という分類があります．母数因子とは水準に再現性のある因子で，再現性のない因子を変量因子と呼びます．この変量因子には，生産や使用の場で水準指定も水準選択もできないという点で誤差因子に通ずるものがあります．しかし，従来の変量因子を取り上げた実験では，変量因子の効果を小さくしようという発想がありません．これがタグチメソッドでのパラメータ設計との根本的な違いとなります．パラメータ設計では，誤差因子の影響がなるべく小さくなるような条件を制御因子の水準組合せによって達成しようとします．このとき役立つのが制御因子と誤差因子の交互作用なのです．

Q.2★　交互作用について説明してください．

A.2 2 つの因子 A と B があるとき，**図 2.1** に示すように，縦軸に A_iB_j での母平均をとったとき，因子 A の効果が因子 B の水準によって変わるとき，A と B の間に交互作用 $A \times B$ があるといいます．$A \times B = B \times A$ が成り立つ，すなわち A の効果が B の水準間で異なれば，B の効果も A の水準間で異なり

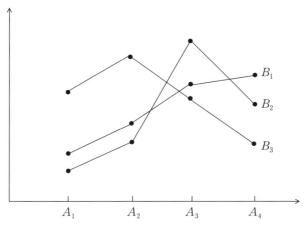

図2.1　因子 A と B の交互作用

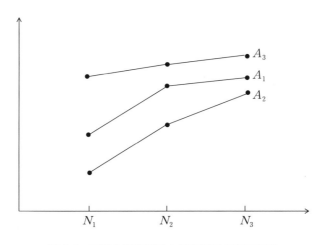

図2.2　有益な制御因子と誤差因子の交互作用

ます.

　交互作用には有益な善玉交互作用と有害な悪玉交互作用があります．制御因子間の交互作用は悪玉交互作用です．因子 A の最適条件が因子 B の水準間で異なれば，因子 A の最適条件が実験室と生産や使用の場とで異なる可能性が

あるからです.

　これに対して,**図2.2**に示すような制御因子Aと誤差因子Nの交互作用は善玉交互作用です.Aの水準を第3水準にすることで,誤差因子の影響がほとんどなくなるからです.

　有害な悪玉交互作用が出ない実験をして,有益な善玉交互作用を見つけようというのがタグチ流実験計画法です.

Q.3★　静特性のパラメータ設計では,制御因子を割り付けた直交表の外側に誤差因子を割り付けます.この「外側」の意味がよくわかりません.列に余裕があるときには直交表に誤差因子を割り付けてもよいのですか.

A.3　直交表の外側に誤差因子を割り付けると,直交表に割り付けた制御因子と誤差因子のすべての交互作用が推定可能となる自動割付けになっています.

　例えば,L_8を用いた場合,誤差因子が2水準のとき,**表3.1**に示す割付けになります.全部で16回の処理があります.そこでL_{16}を使って等価な割付けを考えてみましょう.

　表3.2に示すL_{16}への割付けで,制御因子と誤差因子の交互作用がどの列に現れるかを考えると,成分表示より,第9列,第11列,第13列,第15列にそれぞれ現れることがわかります.すなわち,誤差因子の外側割付けは,制御因子と誤差因子の交互作用がすべて推定可能になるための自動割付けになっているのです.

　このとき,絶対にやってはいけないのは,**表3.1**のL_8直交表の列にまだ余裕があるからといって,誤差因子をL_8直交表に割り付けることです.これは最悪な配置です.これでは,制御因子と誤差因子の交互作用が制御因子の主効果と交絡してしまい,何もわからなくなります.

表3.1　L_8の外側に2水準誤差因子

No.	A	B		C		D		N_1	N_2
	1	2	3	4	5	6	7		
1	1	1	1	1	1	1	1	y_{11}	y_{12}
2	1	1	1	2	2	2	2	y_{21}	y_{22}
3	1	2	2	1	1	2	2	y_{31}	y_{32}
4	1	2	2	2	2	1	1	y_{41}	y_{42}
5	2	1	2	1	2	1	2	y_{51}	y_{52}
6	2	1	2	2	1	2	1	y_{61}	y_{62}
7	2	2	1	1	2	2	1	y_{71}	y_{72}
8	2	2	1	2	1	1	2	y_{81}	y_{82}

表3.2　表3.1と等価なL_{16}への割付け

No.	A	B		C		D		N	$A\times N$		$B\times N$		$C\times N$		$D\times N$
	1	2	3	4	5	6	7	8	9	10	11	12	13	14	15
1	1	1	1	1	1	1	1	1	1	1	1	1	1	1	1
2	1	1	1	1	1	1	1	2	2	2	2	2	2	2	2
3	1	1	1	2	2	2	2	1	1	1	1	2	2	2	2
4	1	1	1	2	2	2	2	2	2	2	2	1	1	1	1
5	1	2	2	1	1	2	2	1	1	2	2	1	1	2	2
6	1	2	2	1	1	2	2	2	2	1	1	2	2	1	1
7	1	2	2	2	2	1	1	1	1	2	2	2	2	1	1
8	1	2	2	2	2	1	1	2	2	1	1	1	1	2	2
9	2	1	2	1	2	1	2	1	2	1	2	1	2	1	2
10	2	1	2	1	2	1	2	2	1	2	1	2	1	2	1
11	2	1	2	2	1	2	1	1	2	1	2	2	1	2	1
12	2	1	2	2	1	2	1	2	1	2	1	1	2	1	2
13	2	2	1	1	2	2	1	1	2	2	1	1	2	2	1
14	2	2	1	1	2	2	1	2	1	1	2	2	1	1	2
15	2	2	1	2	1	1	2	1	2	2	1	2	1	1	2
16	2	2	1	2	1	1	2	2	1	1	2	1	2	2	1
成分表示	a	b	a	c	a	b	a	d	a	b	a	c	a	b	a
			b		c	c	b		d	d	b	d	c	c	b
							c				d		d	d	c
															d

Q.4★ 望目特性に対するパラメータ設計での 2 段階設計法について教えてください.

A.4 望目特性に対する 2 段階設計法を述べます. 第 1 段階では, 直交表に多くの制御因子を割り付け, SN 比最大化を行います. このとき, 平均値が目標値からずれてしまいます. そこで第 2 段階では, SN 比に影響が小さく平均に影響が大きい制御因子で平均を目標値に合致させます.

　ベル研究所の研究者たちは, この 2 段階設計法がある条件のもとで期待 2 乗損失を最小にできることを示しました.

Q.5★ 望目特性に対する 2 段階設計法は理解できました. ところが, 取り上げた制御因子の数が少なかったため, SN 比に影響が小さく平均に影響の大きい因子が見つかりませんでした. どうすればよいですか.

A.5 平均を変えようとすると SN 比が下がってしまいますね. SN 比の減少分と平均の変化分を秤にかけて最も効率のよい制御因子で調節してください. 余裕があれば, 明らかに平均に効く新たな制御因子を取り上げた追加実験をしてみてください.

Q.6★ 望小特性, 望大特性に対する 2 段階設計法を教えてください.

A.6 望小特性あるいは望大特性の場合, 平均値の最小化あるいは最大化が課題となりますから, 基本的に 1 段階でよいと思います. この場合は Fisher 流

実験計画法でもうまくいく確率は高いです．ただし，望大特性のときによく見られるのですが，ばらつきが大きくて困っている場合は，第1段階で望目特性のSN比を最大化してばらつきを削減して，第2段階でSN比には効かずに平均値に効く因子で平均値を上げるのがよいと思います．例を挙げます．

コンクリートの圧縮強度（kg/cm^2：望大特性です）を高めかつ安定させる目的で，次の実験を計画しました．制御因子として，

- A：スランプ A_1：15.0 A_2：20.0（cm）
- B：打設速度 B_1：2.0 B_2：4.0　（m/h）
- C：打ち止め圧力 C_1：0.2 C_2：0.5　（kg/cm^2）
- D：最大骨材寸法 D_1：20.0 D_2：40.0（mm）
- F：細骨材率 F_1：40.0 F_2：50.0（%）

の5因子を取り上げました．

このとき，打設現場での外気温（季節，地域によって異なる）が圧縮強度に影響することが過去の調査からわかっていたので，これを誤差因子として，

- N：外気温 N_1：0.0 N_2：30.0　（℃）

を取り上げました．実験配置としては，制御因子がいずれも2水準で5因子あることより，これらをL_8直交表に割り付け，誤差因子をその外側に直積の形で割り付けました．

実験順序としては，L_8が規定する8通りの処理条件の順序を無作為化し，それぞれで2回分の試料を作成し，それらをN_1の部屋とN_2の部屋へもっていき，各部屋で打設するという分割実験です．得られたデータを表6.1に示します．

データを一見すると，No.6では値が大きく，かつ外気温に対して安定しています．最適条件はこれでほぼ決まりですが，どの因子が平均値に効いて，どの因子が安定性に効いているのかを定量的に評価するために分散分析を行います．

誤差因子が1因子2水準なので，望目特性のSN比をもち出すまでもなく，オーソドックスな分散分析をします．結果は表6.2に示すとおりです．

表6.1　L_8と外側配置の分割実験データ

No.	A 1	B 2	3	C 4	5	F 6	D 7	N_1	N_2
1	1	1	1	1	1	1	1	235	255
2	1	1	1	2	2	2	2	268	278
3	1	2	2	1	1	2	2	244	265
4	1	2	2	2	2	1	1	226	224
5	2	1	2	1	2	1	2	240	252
6	2	1	2	2	1	2	1	276	274
7	2	2	1	1	2	2	1	243	261
8	2	2	1	2	1	1	2	218	225

表6.2　分散分析表

要因	平方和	自由度	平均平方	F比	p値
A	2.25	1	2.25	0.222	0.684
B	1849.00	1	1849.00	182.62	0.005
C	2.25	1	2.25	0.222	0.684
D	1.00	1	1.00	0.099	0.783
F	3422.25	1	3422.25	338.00	0.003
$E_{(1)}$	20.25	2	10.125	0.438	0.695
N	441.00	1	441.00	19.07	0.049
$A \times N$	12.25	1	12.25	0.53	0.542
$B \times N$	1.00	1	1.00	0.043	0.855
$C \times N$	210.25	1	210.25	9.092	0.095
$D \times N$	16.00	1	16.00	0.692	0.493
$F \times N$	6.25	1	6.25	0.270	0.655
$E_{(2)}$	46.25	2	23.125	—	—
T	6030.00	15	—	—	—

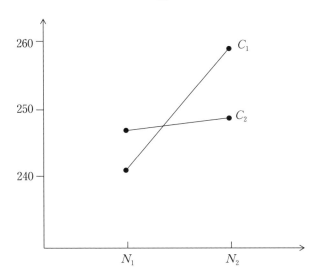

図 6.1　有意となった制御因子と誤差因子の交互作用

　圧縮強度に対して，因子 B と因子 F が大きな主効果をもっています．交互作用については $C \times N$ が無視できない大きさです．他の交互作用平方和をすべて 2 次誤差平方和にプールすると，$C \times N$ の F 比は 15.43 となり，2 次誤差平方和の自由度は 6 になるので，高度に有意です．この交互作用を図示したのが**図 6.1** です．圧縮強度の平均レベルと安定性を考慮して，最適条件は B_1 $C_2 F_2$ となります．**表 6.1** の No.2 と No.6 がこの条件です．

Q.7★　動特性に対する 2 段階設計法を教えてください．

A.7 動特性に対しては，第 1 段階で動的 SN 比を最大化し，第 2 段階で SN 比への影響が小さく感度に対して影響の大きい因子で感度を最大化します．しかし，平均値が目標値から大きくずれている場合は，感度による調節だけでは不十分なこともあります．その場合は，主効果が有意な制御因子の水準設定による調節が有効です．そのためには，SN 比と感度について分析するだけでな

く，生データに対する分散分析をして，制御因子の主効果をきちんと把握している必要があります．

Q.8★ Fisher 流実験計画法，タグチ流実験計画法と呼ばれることがありますが，その違いを教えてください．

A.8 田口先生は，「座談会；タグチメソッドがどう使われているか」(『標準化と品質管理』，1991 年 5 月号，矢野宏ほか)のなかで次のように述べられています．

「品質工学的考え方は実験計画法，特に直交表を使った実験がうまくいかない理由を考えて少しずつ出てきたもので，実験計画法とは中身は違います．」

ここで，うまくいかない実験とは，「制御因子間の交互作用を無視して主効果のみから予測式を立て，最適条件を選定し，そこでの予測値と確認実験での観測値が大きく異なる場合」と推察します．これに対する策を，田口先生は，計測特性の合理化に求めました．タグチ流実験計画法で，最も重要で，かつ最も難しいのが計測特性の選定です．

これに対して Fisher 流実験計画法は，もともと農事試験で農作物の収率が最大になる条件を効率的に求めるために創案されたものですから，特性値は所与のものです．「計測特性の選定を実験計画法に含めるか否か」が，タグチ流実験計画法と Fisher 流実験計画法の最大の相違点です．SN 比を解析するか，平均値を解析するかといったテクニカルな違いもありますが，それはさほど大きな違いではないのです．

その一方で，田口先生は『タグチメソッド　わが発想法』(田口玄一，経済界，1999 年)の p.12 で次のようにも述べられています．

「私が先人に学びながら直交表を使った実験計画法に取り組み始めたのは，昭和 20 年代に入ってからである．その後およそ半世紀にかけて私がしてきた仕事をごくわかりやすくいえば，二つに集約されるといっていいだろう．

一つは直交表を使いやすくしたこと.

　二つめは機能のばらつきを減らすためのデータの取り方と解析方法を実験計画法にプラスアルファしたことである.」

　この言葉からわかるように，Fisher 流実験計画法とタグチ流実験計画法は決して相反するものではありません. タグチ流実験計画法は Fisher 流実験計画法の一つの延長線上にあります. 実際，工業実験においても，望大特性に対しては，Fisher 流実験計画法は今でも十分機能します. 望目特性と望小特性に対してはタグチ流実験計画法がよいことは間違いありませんが，いずれにせよ，一方だけを認めて他方を排除するといった態度は慎みたいものです.

Q.9★★ パラメータ設計で基本原理になっている「非線形の応用」について教えてください.

A.9 いま，ある要因x_1と特性yとの間に**図 9.1**(A)に示す関数関係があるとします. yは有限の目標値y_0をもつ望目特性とします. すると，与えられた関数

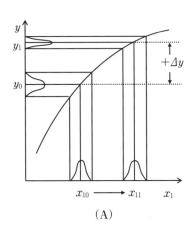
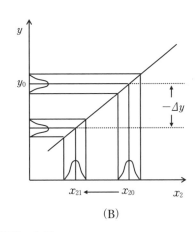

図 9.1　非線形の応用

関係のもとでは，x_1の設定値はx_{10}にするのが自然です．これによりyの平均は
ねらいのy_0になるからです．一方で，x_1の実現値はx_{10}を中心にばらつきます．
その結果として，yもy_0を中心にばらつきます．

　さて，x_1の設定値をx_{10}からx_{11}へ移行すれば，yとx_1の関係が非線形であるこ
とより，x_1の変動によるyの変動は明らかに減少します．非線形とは，x_1のy
への効果がx_1の値によって変わることです．しかしその結果，yの中心はy_1に
移行し目標値y_0との間にΔyのズレが生じています．このとき，図9.1(B)のよ
うに，yに対して線形効果をもつ別な要因x_2があれば，Δyを相殺するようにx_2
の値を現行のx_{20}からx_{21}に移行することが得策です．x_2によるyの変動は，線
形関係ゆえにx_2の値に依存しないからです．

　以上をまとめれば，パラメータ設計の基本原理とは，特性に対して非線形効
果をもつ要因により特性のばらつき最小化を行い，線形効果をもつ別な要因で
特性の中心を目標値に合わせることです．

Q.10★★★ パラメータ設計では複数の制御因子を直交表に割り
付けますが，制御因子が1つの場合はどうすればよいのです
か．単に水準間でSN比を比較するだけでなく，検定がした
いのですが．

A.10 望目特性の場合で説明します．パラメータ設計では，複数の制御因子
を直交表に割り付け，制御因子間の交互作用を誤差とみなして，その変動をも
とに，主効果の大きさを相対評価します．制御因子が1つのときは交互作用項
がありませんから，別なアプローチが必要になります．

　特性データ$y_1, y_2, \cdots, y_n$が得られたとき，望目特性のSN比に対する自然な推
定量は，

$$\hat{\eta}_T = \frac{\bar{y}^2}{V_E} \tag{10.1}$$

です．ここに，V_Eは不偏分散です．$y_1, y_2, \cdots, y_n$の分布に正規分布$N(\mu, \sigma^2)$を仮定すると，

$$T = \sqrt{n}\,\frac{\bar{y}}{\sqrt{V_E}} \tag{10.2}$$

は自由度$n-1$，非心度$\sqrt{n}\,\mu/\sigma$の非心t分布に従います（**A.89**を参照）．

　非心度をλという文字で表記すると，非心度$\lambda = \sqrt{n}\,\mu/\sigma$と望目特性のSN比$\mu^2/\sigma^2$は等価ですから，SN比に関する統計的推測は非心度に対するそれに帰着します．

　さて，自由度ϕ，非心度λの非心t分布に従う確率変数の平均と分散は，

$$E(T) = \frac{\sqrt{\frac{\phi}{2}}\,\Gamma\!\left(\frac{(\phi-2)}{2}\right)}{\Gamma\!\left(\frac{\phi}{2}\right)}\lambda \quad (= c_{11}\lambda \text{と置く}) \tag{10.3}$$

$$V(T) = \left(\frac{\phi}{\phi-2} - c_{11}^2\right)\lambda^2 + \frac{\phi}{\phi-2} \quad (= c_{22}\lambda^2 + c_{20} \text{と置く}) \tag{10.4}$$

で与えられます．ここに$\Gamma(\cdot)$はガンマ関数です．

　係数c_{11}については極めて精度のよい近似式が知られています．それは，

$$c_{11} = 1 + \frac{3}{4(\phi - 1.042)} \tag{10.5}$$

です．ここで，非心t分布に従う確率変数Tに対して次の等分散化変換を考えます．

$$f(T) = \frac{1}{b}\log\left(bT + \sqrt{b^2 T^2 + d^2}\right) \tag{10.6}$$

ここに，$d = \sqrt{c_{20}}$，$b = \frac{\sqrt{c_{22}}}{c_{11}}$です．これは Laubscher の変換と呼ばれています．一つの制御因子の水準数をaとしたとき，帰無仮説 $H_0: \lambda_1 = \lambda_2 = \cdots = \lambda_a$ に対する検定統計量は，

$$\chi^2 = \sum_{i=1}^{a}\left\{f(T_i) - \bar{f}\right\}^2 \tag{10.7}$$

で与えられます．この統計量は近似的に自由度$a-1$のカイ2乗分布に従いますので，これで検定が行えます[1]．

> **Q.11**★★　タグチメソッドでは，設計をシステム選択，パラ
> メータ設計，許容差設計に分けますが，この各段階でどのよ
> うな実験をすればよいのですか.

A.11　タグチメソッドでは設計を,

① システム選択

② パラメータ設計

③ 許容差設計

に分けています. この分類はきわめて利用価値の高い斬新なものです. この3
つのアクティビティは全く中身が異なり，使うべき手法も異なります. そして
何よりも評価すべき内容が違います.

Juran が定義した「設計品質」では，この3段階を区別せずにいたところに
難がありました. 実際，GE (ゼネラル・エレクトリック社) では,
「Dr.Taguchi のしたことで一番重要なことは，設計をこの3段階に分けたこ
とだ」と評しているそうです.

システムに要求されている機能を，どういう物理的メカニズムで達成させる
かを選定するのがシステム選択です.

選択されたシステムには，設計者が自由に決められる設計パラメータがいく
つも存在しています. この中心値を決める作業がパラメータ設計です. このと
き，タグチメソッドでのパラメータ設計では，システムの出力を目標値に合わ
せればよいというのではなく，さまざまな誤差要因の影響を受けにくいロバス
トな設計を目指します.

パラメータ設計で，パラメータの中心値が決められても，製造段階でのそれ

---

1) この検定は以下の論文にもとづいています.
　• Nagata, Y., Miyakawa, M. and Yokozawa, T. (2003): A test of the equality of several
　SN ratios for the system with dynamic characteristics, *Jour. of the Japanese Society for
　Quality Control*, 33, [3], pp.351-360.

らの実現値は中心値ピッタリにはなりません．そこで，（中心±許容差）という規格値を与える作業が残っています．それが許容差設計です．許容差設計には，部品特性が製品特性にどのくらい寄与しているかを定量的に評価する許容差解析と，それにもとづき損失関数を用いて経済的な許容差を決定する(狭義の)許容差設計があります．

　ところで，実験は「演繹的実験」と「帰納的実験」に分かれるとよくいわれます．演繹的実験とは仮説検証型実験とも呼ばれ，理論から演繹的に導かれた個別の現象を実験的に確かめるもので，観察の精緻化という側面をもちます．16世紀にGalileiが確立しました．

　これに対して，帰納的実験とは仮説探索型実験とも呼ばれ，観察の延長とは異なり，自然現象に人工的に手を加えて変化を起こさせる，未だ観察されていない状況を人工的に設定するという側面をもちます．こちらは16世紀にBaconが提唱しました．この帰納的実験は20世紀に飛躍的に進歩しました．その進歩に貢献したのがFisher流実験計画法と，田口先生が開発されたタグチ流実験計画法です[2]．

　以上をまとめると，質問への回答は以下の❶〜❸になります．

❶　システム選択には演繹的実験をすればよい．

❷　パラメータ設計にはタグチ流実験計画法をすればよい．

❸　許容差解析にはFisher流実験計画法をすればよい．

Q.12★★　チューニング法について教えてください．

A.12 誤差因子について有限個の水準を設定し，そのいずれにおいても特性 y

　2）　ホーンビーの『現代英英辞典』で "experiment" を引いてみると，
　　"a scientific test done carefully in order to study what happens and to gain new knowledge."
　　"any new activity used to find out what happens or what effect it has."
　　とあり，実験の2面性が打ち出されています．

が目標値になるように，いくつかの制御因子の水準を設定する作業をチューニングといいます．

　最も簡単な場合として，例えば外気温という誤差因子について2つの水準を考え，それをN_1, N_2とします．品質特性yは目標値y_0をもつ望目特性とします．yに線形効果をもつ2つの制御因子x_1とx_2を取り上げ，N_1でのyをy_1，N_2でのyをy_2として

$$\begin{aligned} y_1 &= \alpha_1 + \beta_{11}x_1 + \beta_{12}x_2 + \varepsilon_1 \\ y_2 &= \alpha_2 + \beta_{21}x_1 + \beta_{22}x_2 + \varepsilon_2 \end{aligned}$$
(12.1)

という2つの線形回帰モデルで要因効果を記述します．回帰モデルの回帰係数が十分精度よく推定されたとして，y_1とy_2の平均がいずれもy_0になるようなx_1とx_2の値は，

$$\begin{aligned} y_0 &= \hat{\alpha}_1 + \hat{\beta}_{11}x_1 + \hat{\beta}_{12}x_2 \\ y_0 &= \hat{\alpha}_2 + \hat{\beta}_{21}x_1 + \hat{\beta}_{22}x_2 \end{aligned}$$
(12.2)

というx_1とx_2の連立方程式の解(x_1^*, x_2^*)です．このとき$x_1 = x_1^*$，$x_2 = x_2^*$とするのがチューニングです．この様子を**図12.1**に示します．

　図12.1からわかるように，(x_1^*, x_2^*)は式(12.2)に対応する2本の直線の交点です．よって，$\hat{\beta}_{11} = \hat{\beta}_{21}$，$\hat{\beta}_{12} = \hat{\beta}_{22}$ならば，2本の直線は平行になり交点をもちません．$\hat{\beta}_{11} \neq \hat{\beta}_{21}$は制御因子$x_1$と誤差因子$N$とに交互作用があることを意味し，$\hat{\beta}_{12} \neq \hat{\beta}_{22}$は制御因子$x_2$と誤差因子$N$とに交互作用があることを意味しますので，チューニングにおいても決め手になるのは制御因子と誤差因子の交互作用なのです．

　もう少し問題を一般化してみましょう．誤差因子のn個の条件$N_1, N_2, \cdots, N_n$を設定して，そこでのyの平均をすべてy_0にするには，n個の制御因子$x_1, x_2, \cdots, x_n$を用意して，線形回帰モデルのもとで，

$$\begin{aligned} y_0 &= \hat{\alpha}_1 + \hat{\beta}_{11}x_1 + \hat{\beta}_{12}x_2 + \cdots + \hat{\beta}_{1n}x_n \\ y_0 &= \hat{\alpha}_2 + \hat{\beta}_{21}x_1 + \hat{\beta}_{22}x_2 + \cdots + \hat{\beta}_{2n}x_n \\ &\quad\vdots \\ y_0 &= \hat{\alpha}_n + \hat{\beta}_{n1}x_1 + \hat{\beta}_{n2}x_2 + \cdots + \hat{\beta}_{nn}x_n \end{aligned}$$
(12.3)

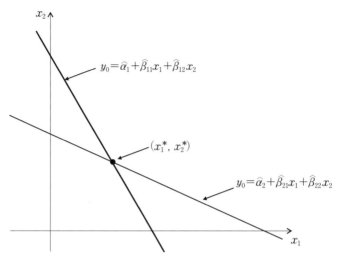

図 12.1　2 条件 2 変数でのチューニング

という連立方程式を解くことになります．係数行列 $B = (\widehat{\beta}_{ij})$ が正則ならば，式(12.3)の解が一意に存在します．

　制御変数の数が $p(p<n)$ であれば，最小 2 乗法で残差平方和，

$$S = \sum_{i=1}^{n} \left\{ y_0 - \left(\widehat{\alpha}_i + \widehat{\beta}_{i1}x_1 + \widehat{\beta}_{i2}x_2 + \cdots + \widehat{\beta}_{ip}x_p \right) \right\}^2 \tag{12.4}$$

を最小にする制御因子の値を求めます．

　チューニングは，品質特性の安定化を図るうえで強力な手段であり，制御変数と特性の関係が線形関係でなく多少複雑でも，今日の数値計算技法をもってすれば十分対応できます．ただし，N_1 と N_2 で合わせても，その他の条件でどうなっているかの保証がないのが泣き所です．しかし，パラメータ設計，すなわち非線形の応用で誤差因子の影響を十分に減衰させることができなかったときには，最後の手段としてチューニングは有効です．

Q.13★★　パラメータ設計を行う際，SN比に対して影響の大きそうな因子を選定していますが，このやり方でよいのですか.

A.13 パラメータ設計で制御因子を選定するのは誤りです．誤差要因は無数にあるので，すべてを取り上げることはできません．パレート法則などによる重点志向は正しいです．ところが，制御因子の数は必ず有限なので，最初から全部を取り上げるのが，結局のところ近道になります．小規模実験で少しずつ改善していくという従来のやり方は間違っていました．制御因子はSN比に有意な効果があろうとなかろうと水準選定をしなければならない因子です.

　あらゆる組合せで調べても，満足なパフォーマンスが得られないときには，選択したシステムに問題があったのです.

Q.14★★　基本機能と目的機能の違いを教えてください.

A.14 製品にせよ工程にせよ，果たすべき役割，すなわち目的とする機能があります．これを目的機能と呼びます．自動車であれば，加速機能，減速機能，旋回機能です．使用者はこれらを利用するとき，必ず「アクセルを踏む」「ブレーキを踏む」「ハンドルを切る」のように入力します．このような入力を信号と呼びます．一方，天候とか路面の状態を誤差と呼びます．目的機能は，これらの入力を与えたときに走行速度や旋回半径がどうなっているかという入出力関係で記述されます.

　目的機能を実現する物理的メカニズムが基本機能です．自動車の加速機能であれば，燃料であるガソリンを機械的エネルギーに変換することが基本機能です．目的機能では，そのなかのメカニズムをブラックボックスにしているのに対して，基本機能ではメカニズムを直接の評価対象にしているのです.

タグチメソッドでは，基本機能による研究を勧めています．しかし，これは簡単なことではありません．技術者は基本機能を知っているのですが，実験で基本機能の入力と出力が計測可能かは別問題です．一方で，目的機能が計測できないということは原則あり得ません．目的機能について研究することで，品質特性を測度とするのとは天と地の差があります．

ですから，いきなり高いところを狙うのではなく，まずは目的機能について研究することをお勧めします．

Q.15★★ 信号因子の水準数と誤差因子の水準数のバランスがよくわかりません．

A.15 田口先生は生前，信号因子は 3 水準，誤差因子は 2 水準とよくおっしゃっていました．もちろんこれは最低数です．

パラメータ設計の伝説的実験として，1953 年に伊奈製陶（現 LIXIL）で行われたタイル実験が知られています．以下に概要を述べます．

タイルは，調合した材料粉末をプレスして型を作り，焼成して固められます．それまでは閉じた窯を使ってバッチ生産していましたが，イタリアから最新鋭のトンネル窯を購入して連続生産に移行していました．ところが生産を開始すると問題が起きました．焼成後のタイル寸法がこれまで以上にばらつくのです．

原因究明は注意深い観察により可能になりました．貨車に積まれた多数のタイルについて，その場所による寸法差が顕著でした．バーナーに近い窯の端部と遠い中央部で温度差があり，これが焼成収縮率の違いを生んだわけです．温度のばらつきを抑えるには，装置の大改造が必要で，とてもできない話でした．

そこで，温度差の影響を受けにくい条件を制御因子の水準変更で求めるという，パラメータ設計の根幹をなす考え方が登場します．7 つの制御因子（1 つが 9 水準で他は 3 水準）を L_{27} に割り付け，その外側にタイルの位置という誤差因子を 7 水準割り付けるという直積配置がこの時点で採用されたのです．結果と

して，「ある添加剤を適量加えることで，位置による寸法差がほとんどなくなる」という有益な制御因子と誤差因子の交互作用が発見されたのです．

　さて，この画期的な実験について，田口先生が「今ならこうやっている」という実験計画が，『品質工学の数理』（田口玄一，日本規格協会，1999 年）の第12 章に載っています．使用する直交表は L_{18} です．9 水準因子は 6 水準に減らして L_{18} の第 1 列と第 2 列に多水準法で割り付けます．誤差因子は 7 水準もとらずに，最低温度と最高温度の 2 水準にします．そして，最も重要なことは，信号因子を設定することです．窯に入れるタイルの型寸法を信号因子 M にしています．大きさの異なる 3 枚のタイルを作り，1 枚について，縦，横，斜めの寸法を測り，それを 9 水準の信号にしています．この焼成工程の目的機能は，焼成前の型寸法 M を焼成後の寸法 y に確実に転写することです．この機能があってこそ，任意の形状・寸法のタイルを焼成できるわけです．望目特性に対する研究とは，信号 M を固定した研究に他なりません．誤差因子の水準を減らしても信号因子を設定する．この配置にパラメータ設計の進化を見ることができます．

Q.16★★　機能窓法で機能窓因子の水準設定はどのようにすればよいですか．

A.16 例を使って説明します．

　機能窓法では，トレードオフ関係にある 2 つの質的不具合を対象にします．具体的には以下のようなケースです．

- 複写機の紙送り装置でのミスフィードと重送
- はんだ印刷工程における未はんだ（オープン）とブリッジ（ショート）
- 超音波溶着での剥離と変形破断

　これらの現象に共通するのは「一方の不具合をなくすだけなら簡単であること」です．例えば，紙送りでは，フィードロールの用紙に圧接する圧力を増し

ていけばミスフィードは生じなくなります. しかし, そうすると, 今度は重送が増えてきます. このとき, 圧力は, 設計者が自由に水準を選べるという点では制御因子なのですが, トレードオフ関係を引き起こすという点で, 最適水準を選定する本来の制御因子とは性格が異なります. 機能窓法では, このような因子を機能窓因子と呼んでいます.

機能窓因子は一意ではありません. はんだ印刷の場合, はんだの温度とともに加熱時間もトレードオフ関係を引き起こします. 何を機能窓因子にするかは重要な課題です. 機能窓因子に求められる要件は, 不具合現象と正常との境目となるその因子の閾値が, 他の制御因子を固定したときに, なるべく安定していることです.

いま, ある機能窓因子における不具合現象1と正常との閾値を L, 正常と不具合現象2との閾値を U としたとき ($L < U$ とする), 区間 $[L, U]$ を機能窓といい, その差 $U - L$ を機能窓の長さといいます. 通常, システムの機能設計が完了した時点で, $U - L$ はある程度の大きさをもっているのですが, 実際には誤差因子の影響を受けます. すると, **図 16.1** に示すように, 誤差因子水準 N_i での閾値を (L_i, U_i) としたとき, 実際の機能窓は $(\max \{L_i\}, \min \{U_i\})$ となります.

紙送りの場合, ミスフィードから正常への閾値, 正常から重送への閾値は量

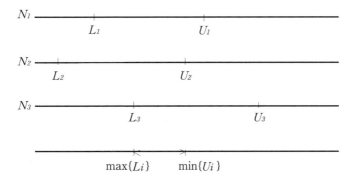

図 16.1　誤差因子が機能窓に及ぼす影響

的特性として直接観測されるものではありません．そこで，圧力の水準を離散
的に変えていき，各水準において紙送りを何回か行い，個々の結果を「正常」
「ミスフィード」「重送」に分類します．例えば，**図16.2**に示すように，各水
準で5回の紙送りに対して，2回以上のミスフィードが発生する圧力の上限値
をミスフィードから正常への閾値とします．同様に，2回以上の重送が起こる
圧力の下限値を正常から重送への閾値とします．

このとき，直交表には圧力以外の制御因子を割り付け，圧力をその外側に配
置する点が機能窓実験の本質です．なお，圧力はロールに載せる錘で代用し
ています．

制御因子として8因子がL_{18}に割り付けられ，誤差因子としては用紙のス
タック量が取り上げられました．ミスフィードに関するデータを**表16.1**に示
します．表中の上段が錘の重さで，下段が不具合回数です．*印がついている
箇所の上段が閾値と判断された重さです．

この実験の最大の特徴は，錘という機能窓因子を外側に配して，その水準を
適応的に設定している点です．すなわち，L_{18}のすべての行で同一の水準設定
をするのではなく，閾値が効率的に求められるように，実験結果を見ながら，
適当な間隔でプラス側とマイナス側に水準変更していく．これは外側配置なら

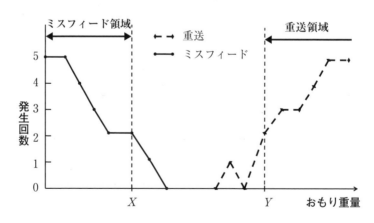

図16.2 2つの閾値の求め方

表 16.1　紙送り装置の機能窓実験データ（ミスフィード）

L_{18} No.	薄紙 スタック多						スタック少					
1	20	40	42.5	45	50	60	20	30	40	50	60	70
	5	5	1*	0	0	0	5	0*	0	0	0	0
2	0	10	15	20	30	40	0	10	15	20	40	60
	5	3*	0	0	0	0	5	3*	0	0	0	0
3	0	10	15	20	25	—	0	20	15	20	30	40
	5	5*	1	0	0		5	3	2*	0	0	0
4	20	25	30	40	60	—	0	20	25	30	40	—
	5	3*	1	0	0		5	5*	1	0	0	
5	20	25	30	40	50	—	20	25	30	40	50	—
	4*	1	0	0	0		4*	1	0	0	0	
6	10	15	20	30	40	—	10	15	20	30	40	—
	4	2*	1	0	0		3*	0	0	0	0	
7	10	20	30	35	40	—	10	20	25	30	40	—
	5	4	2*	1	0		5	3*	0	0	0	
8	15	20	30	35	40	—	20	30	35	40	60	70
	3	2	2	3*	0		5	2	4*	1	1	0
9	10	15	20	30	40	—	10	15	20	25	30	40
	5	4*	1	0	0		5	5	5	4*	0	0
10	0	5	10	15	20	—	0	5	10	15	20	—
	5*	1	0	0	0		5*	0	0	0	0	
11	0	5	10	15	20	—	0	5	10	15	20	—
	5	2*	0	0	0		5	1*	0	0	0	
12	0	10	15	20	—	—	0	10	15	20	—	—
	5	4*	0	0			5	4*	0	0		
13	0	10	15	20	—	—	0	10	15	20	—	—
	5	5*	1	0			5	4	2*	0		
14	10	20	25	30	35	40	10	20	25	30	35	40
	5	3*	2	2	0	0	5	4*	0	0	0	0
15	0	5	10	15	—	—	0	5	10	15	20	—
	1*	0	0	0			4*	0	0	0	0	
16	5	10	20	30	35	—	5	10	20	30	40	—
	5*	1	0	0	0		5*	1	0	0	0	
17	10	20	30	40	45	50	10	20	25	30	40	—
	5	4	5	2*	0	0	5	3*	0	0	0	
18	10	15	20	30	—	—	10	20	30	35	40	—
	5	5*	1	0			5	5	5*	0	0	

ではの操作といえ，直積配置にこだわらなくてもよいのです．

Q.17★★★ 機能窓法は，複写機の紙送り問題でよく説明されますが，計量値あるいは計数値が観測される場合はどうすればよいのですか．

A.17 例を使って説明します．極めて薄い金属テープのローリング工程では，先端で凝固歪み，後端でリボン切れという不良が出ていました．予備実験で制御因子である射出ガス圧を変えてみると，**図17.1**に示すようにガス圧が低いときにはリボン切れは少ないが凝固歪みが多く，逆にガス圧が高いと凝固歪みは減るがリボン切れが増すというトレードオフ関係が得られました．

すなわち，射出ガス圧は機能窓因子なのです．よって，射出ガス圧に対して適正な水準を設定するだけでは根本的な対策にならないので，ロールとノズルのギャップ寸法を新たな制御因子Aとして取り上げることにしました．その水準は以下のとおりです．

* A_1 : 0.30　　A_2 : 0.40(現行)　　A_3 : 0.50　[mm]

実験のやり方としては，Aの各水準で，射出ガス圧を0.20kgf/cm^{2}から0.05間隔で0.55kgf/cm^{2}まで8水準とり，それぞれ10本のテープをローリングし，10本中で「凝固歪みが発生した回数」「正常な回数」「リボン切れが発生した回数」を測定します．この実験では，制御因子Aの水準を変えることで，射出ガス圧と不良率との関係が**図17.1**の形から**図17.2**のようになることを期待しているわけです．**図17.2**においても，射出ガス圧の増加によって，凝固歪みは減るがリボン切れが増えるという定性的な関係は変わっていませんが，不良率曲線が水平方向にシフトして，傾斜が大きくなってくれたおかげで，正常領域が増しています．

実験データは**表17.1**のようになりました．

この問題は次のようにモデル化できます．いま射出ガス圧をxとして，

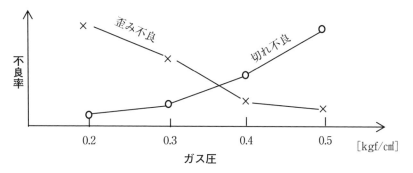

図 17.1　射出ガス圧と不良率の関係

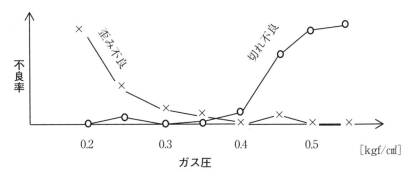

図 17.2　改善された射出ガス圧と不良率の関係

$F_0(x)$：ガス圧がx以下のとき，凝固歪みを起こさない確率

$F_1(x)$：ガス圧がx以下のとき，リボン切れを起こす確率

とします．$F_0(x)$と$F_1(x)$はともにxについて単調増加関数と仮定できます．さらにxの全域で$F_0(x)>F_1(x)$を仮定できます．このとき $F_0(x)-F_1(x)$が正常の確率です．

そこで$F_0(x)$と$F_1(x)$にそれぞれロジスティック分布を仮定してみましょう．

$$F_0(x)=\frac{1}{1+\exp\left(-\dfrac{x-\mu_0}{\sigma}\right)} \tag{17.1}$$

表 17.1　ローリング工程の実験データ

		0.20	0.25	0.30	0.35	0.40	0.45	0.50	0.55
A_1	歪み	9	7	3	1	1	1	0	0
	正常	1	3	6	9	8	4	2	1
	切れ	0	0	1	0	1	5	8	9
A_2	歪み	9	8	6	4	3	1	2	1
	正常	1	2	4	5	6	5	2	1
	切れ	0	0	0	1	1	4	6	8
A_3	歪み	6	6	4	3	1	2	0	1
	正常	3	4	4	5	4	3	4	2
	切れ	1	0	2	2	5	5	6	7

$$F_1(x) = \frac{1}{1 + \exp\left(-\dfrac{x - \mu_1}{\sigma}\right)} \tag{17.2}$$

　この場合, $(\mu_1 - \mu_0)/\sigma$ が2つの分布の離れ具合を示す量になっています. 凝固歪みが起きない x の分布とリボン切れが起こる x の分布が離れていれば, いずれも起こらない x の範囲が増し, 正常の確率が増します.

　表 17.1 のような計数データから $(\mu_1 - \mu_0)/\sigma$ を推定するには, ロジスティック回帰という手法を使えばよいです. $F(x) = p$ として,

$$p = \frac{1}{1 + \exp\left(-\dfrac{x - \mu}{\sigma}\right)} \tag{17.3}$$

とすると,

$$\log_e \frac{p}{1-p} = \frac{x - \mu}{\sigma} \tag{17.4}$$

と書けます. ロジスティック回帰は, 式(17.4)の左辺を目的変数, x を説明変数にした回帰分析で, 通常, 式(17.4)の右辺を,

$$\log_e \frac{p}{1-p} = \alpha + \beta x \tag{17.5}$$

とします. ここに $\alpha = -\mu / \sigma$, $\beta = 1/\sigma$ です. $F_0(x)=p_0$, $F_1(x)=p_1$とすれば, 2つの回帰式,

$$\log_e \frac{p_0}{1-p_0} = \alpha_0 + \beta x \tag{17.6}$$

$$\log_e \frac{p_1}{1-p_1} = \alpha_1 + \beta x \tag{17.7}$$

を想定することになります. ここで,

$$\frac{\mu_1 - \mu_0}{\sigma} = \alpha_0 - \alpha_1 \tag{17.8}$$

となるので, SN 比は 2 つの回帰式の定数項の差です. 正常の確率 $F_0(x) - F_1(x)$ を最大にする x は,

$$x^* = \frac{\mu_0 + \mu_1}{2} = -\frac{\alpha_0 + \alpha_1}{2\beta} \tag{17.9}$$

となります. 通常のロジスティック回帰の解析ソフトウェアでは, x と, x での試行回数 n, 当該事象の発生回数 f を入力します. 式(17.6), 式(17.7)では 2 つの回帰式で定数項は異なりますが, 傾きは共通です. そこで 3 つのパラメータを同時に求めるには, 説明変数にダミー変数 d を,

- $d=1$：f が凝固歪みなしの度数のとき
- $d=0$：f がリボン切れの度数のとき

を加えてやります. すると, 回帰式の定数項が α_0 の推定値になり, d の偏回帰係数が SN 比のマイナスをとった $-(\alpha_0 - \alpha_1)$ の推定値になるので便利です. A_1 でのロジスティック回帰の入力データは表 17.2 のようになります. サンプル数は $2 \times (x$ の水準数) です.

　推定結果は表 17.3 のようになりました. $\alpha_0 - \alpha_1$ が SN 比なので, この値が大きいほうがよいわけで, A_1 が最適な水準となります. これは β が大きい, すなわち, ロジスティック分布の分散が小さいことが強く影響しています. A_1 での最適な射出ガス圧は $x^* = 0.370$ となります.

　図 17.3 に推定された $F_0(x)$ と $F_1(x)$ の形を示します. A_1 での機能窓がもっと

表17.2　ロジスティック回帰の入力データ

n	10	10	10	10	10	10	10	10
f	1	3	7	9	9	9	10	10
x	0.20	0.25	0.30	0.35	0.40	0.45	0.50	0.55
d	0	0	0	0	0	0	0	0
n	10	10	10	10	10	10	10	10
f	0	0	1	0	1	5	8	9
x	0.20	0.25	0.30	0.35	0.40	0.45	0.50	0.55
d	1	1	1	1	1	1	1	1

表17.3　ロジスティック回帰の推定結果

	$(\alpha_0 - \alpha_1)$ の推定値	β の推定値	x^* の推定値
A_1	4.12	23.44	0.370
A_2	2.30	15.68	0.416
A_3	2.01	10.40	0.357

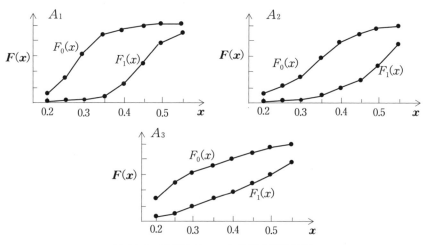

図17.3　ロジスティック曲線の推定結果

も広く，かつばらつきも小さいことが視覚的にも確認されます[3]．

Q.18★★　動特性アプローチとはどのようなアプローチですか．

A.18 タグチメソッドでの動特性アプローチとは，次のようなものです．

① 目的機能，できれば基本機能の機能性を研究特性にすべきである．

② 目的機能や基本機能の機能は入出力関係で表現されるもので，これに
は信号 M と計測特性 y の原点比例式(ゼロ点比例式ともいう)，

$$y = \beta M \tag{18.1}$$

を用いるのがよい．

③ 目的機能や基本機能の機能性を測るには，実際のデータの比例性から
のズレを動的 SN 比で評価するのがよい．

Q.19★　動特性アプローチで比例式と1次式の使い分けがよく
わかりません．

A.19 当たり前のことですが，比例式が当てはまれば比例式を，1次式が当て
はまれば1次式を用いてください．そのためには，直交表の各行で，横軸に信
号因子を，縦軸に計測特性をとり，誤差因子の水準で層別したグラフを書いて
ください．

---

3) この機能窓法に対するロジスティック回帰のアプローチは Miyakawa(1993)で提案
され，Miyakawa(2004)で印刷・公表されています．
- Miyakawa, M. (1993): "Logistic regression analysis for observations from the
operating window method", *Technical Report*, IA-TR-93-4, Science University of
Tokyo.
- Miyakawa, M.(2004) : Discussion to "Failure amplification method : an information
maximization approach to categorical response optimization", *Technometrics*, 46,
[1], pp.16-19.

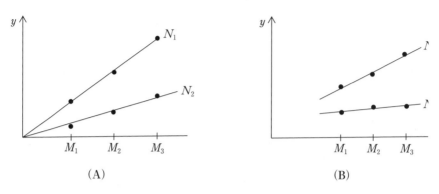

図 19.1　比例式と1次式の当てはめ

　比例式が想定されるときは，**図 19.1**(A)に示すように，信号因子を，原点を含めて等間隔に水準設定してください．これに対して，**図 19.2**(B)に示すように，原点から離れたところに等間隔に水準設定したときは概して1次式の当てはまりがよいようです．

Q.20★★　2つの制御因子間の2因子交互作用が変数変換でなくなるという話を聞きました．具体的な例を示してください．

A.20 生データあるいは母平均が表 **20.1**(A)のように与えられているとします．

表 20.1　平方根変換で交互作用が消える数値例

(A)　交互作用あり

	B_1	B_2	B_3	B_4
A_1	1.0	4.0	9.0	16.0
A_2	4.0	9.0	16.0	25.0
A_3	9.0	16.0	25.0	36.0
A_4	16.0	25.0	36.0	49.0

(B)　交互作用なし

	B_1	B_2	B_3	B_4
A_1	1.0	2.0	3.0	4.0
A_2	2.0	3.0	4.0	5.0
A_3	3.0	4.0	5.0	6.0
A_4	4.0	5.0	6.0	7.0

非常に強い交互作用が確認されます．これに対して平方根をとったのは表20.1(B)です．見事に交互作用が消えています．平方根変換や対数変換で交互作用が消えるのはよくある現象です．タグチメソッドで標本SN比に対数をとっているのもこれを狙ったものと理解できます．

Q.21 ★★ 制御因子を直交表に割り付け，その外側に信号因子と誤差因子を直積の形で割り付けたときの通常の分散分析はどうなるのですか．

A.21 表21.1 はあるタイヤメーカーで行われた発砲タイヤの発砲率に関する実験データです．L_{18}直交表に6つの制御因子が割り付けられ，その外側に3水準の信号因子Mと2水準の誤差因子Nが直積の形で配置されています．

このデータを分散分析してみましょう．推定可能な要因効果は，L_{18}に割り付けた制御因子の主効果，MとNの主効果，制御因子とMの2因子交互作用，制御因子とNの2因子交互作用，MとNの2因子交互作用，および制御因子とMとNの3因子交互作用です．この実験はL_{18}を1次単位にした分割実験ですので，誤差は1次誤差と2次誤差に分離されます．分散分析表を表21.2に示します．

発砲率は原点0に意味のある比尺度なので，制御因子と信号因子の2因子交互作用に加えて制御因子の主効果も，感度に対する要因効果に現れます．目標値への調節は，信号因子Mのみでなく，制御因子の主効果によっても行えることが分散分析表から読み取れます．この点は，オーソドックスな分散分析をした最大の成果といえます．

表21.1　L_{18}の外側に信号因子と誤差因子の二元配置

No.	A	B	C	D		F	G		M_1		M_2		M_3	
	1	2	3	4	5	6	7	8	N_1	N_2	N_1	N_2	N_1	N_2
1	1	1	1	1	1	1	1	1	19.10	26.69	19.98	29.31	21.67	31.50
2	1	1	2	2	2	2	2	2	15.15	22.95	18.84	26.34	22.84	28.57
3	1	1	3	3	3	3	3	3	13.49	15.34	14.34	16.87	15.04	17.61
4	1	2	1	1	2	2	3	3	5.98	5.09	6.59	5.62	6.93	6.65
5	1	2	2	2	3	3	1	1	7.62	15.62	8.09	15.26	8.96	17.68
6	1	2	3	3	1	1	2	2	20.50	23.62	23.39	27.18	26.57	31.27
7	1	3	1	2	1	3	2	3	4.30	4.38	4.49	3.07	4.68	5.76
8	1	3	2	3	2	1	3	1	8.72	10.73	9.98	11.83	11.04	12.81
9	1	3	3	1	3	2	1	2	11.17	19.96	11.98	20.34	12.96	22.92
10	2	1	1	3	3	2	2	1	10.81	15.20	11.70	16.12	12.96	18.03
11	2	1	2	1	1	3	3	2	7.96	9.00	8.17	9.78	8.38	10.56
12	2	1	3	2	2	1	1	3	31.80	46.56	33.10	50.67	35.54	54.87
13	2	2	1	2	3	1	3	2	7.97	8.01	8.75	8.97	9.49	9.73
14	2	2	2	3	1	2	1	3	9.90	16.50	11.34	18.85	12.78	21.20
15	2	2	3	1	2	3	2	1	7.73	11.31	10.18	14.60	12.12	16.36
16	2	3	1	3	2	3	1	2	3.41	5.08	3.82	6.30	4.18	7.30
17	2	3	2	1	3	1	2	3	8.36	13.95	10.14	14.95	11.85	16.10
18	2	3	3	2	1	2	3	1	8.80	8.75	9.93	8.96	11.06	9.17

表21.2　表21.1のデータの分散分析表

要因	平方和	自由度	平均平方	F比	p値
A	33.62	1	33.62	0.64	0.455
B	2499.40	2	1249.70	23.68	0.001
C	1733.71	2	866.86	16.42	0.004
D	182.54	2	91.27	1.73	0.255
F	2235.73	2	1117.86	21.18	0.002
G	1574.80	2	787.40	14.92	0.005
$E_{(1)}$	316.70	6	52.78	31.77	0.000

表 21.2　つづき

要因	平方和	自由度	平均平方	F 比	p 値
M	155.34	2	77.67	46.75	0.000
N	556.79	1	556.79	335.16	0.000
$A \times M$	0.63	2	0.32	0.19	0.828
$B \times M$	11.00	4	2.75	1.65	0.187
$C \times M$	11.81	4	2.95	1.78	0.160
$D \times M$	1.18	4	0.30	0.18	0.948
$F \times M$	11.11	4	2.78	1.67	0.183
$G \times M$	20.03	4	5.01	3.01	0.033
$A \times N$	0.15	1	0.15	0.09	0.763
$B \times N$	82.42	2	41.21	24.81	0.000
$C \times N$	55.98	2	27.99	16.85	0.000
$D \times N$	9.54	2	4.77	2.87	0.072
$F \times N$	43.58	2	21.79	13.12	0.000
$G \times N$	300.55	2	150.28	90.46	0.000
$M \times N$	2.47	2	1.24	0.74	0.484
$A \times M \times N$	0.31	2	0.16	0.09	0.911
$B \times M \times N$	1.84	4	0.46	0.28	0.891
$C \times M \times N$	1.31	4	0.33	0.20	0.938
$D \times M \times N$	0.35	4	0.09	0.05	0.995
$F \times M \times N$	1.32	4	0.33	0.20	0.937
$G \times M \times N$	3.67	4	0.92	0.55	0.699
$E_{(2)}$	49.84	30	1.66	—	—

Q.22★★ 理論式があるときのパラメータ設計の手順を教えてください.

A.22 例を使って説明します. 車体の設計などでは, 応力歪みの大きさを電気抵抗値の変化で計測する方法が採られています. 電気抵抗値を測定するとい

う目的機能をもったシステムを考えましょう．中学校の理科で習ったように，オームの法則により，未知抵抗の両端に電圧 V を印加し，電流計で電流値 I を測れば，抵抗値 R は $y = V/I$ で推定されます．これを実現するのは図 **22.1** に示す回路です．

　しかし，現実には誤差があります．供給電圧に誤差があり，電流値の読み取りにも誤差があります．実際の応力歪み測定で，**図 22.1** のシステムが用いられることは皆無です．普通使われるのは，**図 22.2** に示すホイートストンブリッジです．ホイートストンブリッジはオームの法則に加えてキルヒホッフの法則を使っているので，これを習うのは高校の物理です．

　可変抵抗 B を動かして，電流計 X の指針がゼロとなる B の値を読み取れば，抵抗値 R は以下で推定されます．

$$y = \frac{BD}{C} \tag{22.1}$$

　ホイートストンブリッジでは，制御因子や電流 X と可変抵抗 B の読み値に誤差があるときの，測定値 y とこれらパラメータの関係について十分精度の良い理論式があります．それは，

$$y = \frac{BD}{C} - \frac{X}{C^2 F}\{A(D+C)+D(B+C)\}\{B(C+D)+G(B+C)\} \tag{22.2}$$

です．この場合，主要な誤差要因は外乱ではなく内乱です．すなわち，5つの制御因子の実現値が設定値のまわりでばらつくことと，電流計 X と可変抵抗 B の読み値の誤差です．

　例えば，すべての制御因子を2水準にして，

- A：固定抵抗　　A_1：100　　A_2：500　　（Ω）
- C：固定抵抗　　C_1：10　　C_2：50　　（Ω）
- D：固定抵抗　　D_1：10　　D_2：50　　（Ω）
- F：電源電圧　　F_1：6　　F_2：30　　（V）
- G：固定抵抗　　G_1：10　　G_2：50　　（Ω）

とします．誤差因子は各制御因子について，例えば，

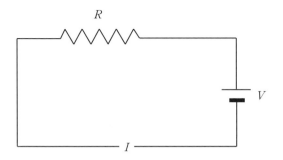

図 22.1　抵抗値 R を求める最も簡単なシステム

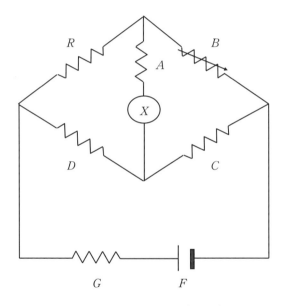

図 22.2　ホイーストンブリッジ

- 第1水準：設定値よりも 5% 小さい値
- 第2水準：設定値よりも 5% 大きい値

とします．制御因子 A に対応する誤差因子を A' と肩に' をつけて区別します．すると，固定抵抗 A についていえば，制御因子 A と誤差因子 A' の組合せで

表22.1　制御因子 A と誤差因子 A' の組合せで指定される抵抗の実現値

	A'_1（5%減）	A'_2（5%増）
A_1（100 Ω）	95 Ω	105 Ω
A_2（500 Ω）	475 Ω	525 Ω

表22.2　L_8 と L_8 の直積実験データ

外側直交表（$A'\ C'\ B'\ D'\ F'\ X\ G'$）

列	1 (A')	2 (C')	3 (B')	4 (D')	5 (F')	6 (X)	7 (G')
No.1	1	1	1	1	1	1	1
No.2	1	1	1	2	2	2	2
No.3	1	2	2	1	1	2	2
No.4	1	2	2	2	2	1	1
No.5	2	1	2	1	2	1	2
No.6	2	1	2	2	1	2	1
No.7	2	2	1	1	2	2	1
No.8	2	2	1	2	1	1	2

内側直交表と実験データ

No.	A 1	C 2	3	D 4	F 5	6	G 7	1	2	3	4	5	6	7	8
1	1	1	1	1	1	1	1	y_{11}	y_{12}	⋯					y_{18}
2	1	1	1	2	2	2	2	y_{21}	y_{22}	⋯					y_{28}
3	1	2	2	1	1	2	2	y_{31}	y_{32}	⋯					y_{38}
4	1	2	2	2	2	1	1	y_{41}	y_{42}	⋯					y_{48}
5	2	1	2	1	2	1	2	y_{51}	y_{52}	⋯					y_{58}
6	2	1	2	2	1	2	1	y_{61}	y_{62}	⋯					y_{68}
7	2	2	1	1	2	2	1	y_{71}	y_{72}	⋯					y_{78}
8	2	2	1	2	1	1	2	y_{81}	y_{82}	⋯					y_{88}

指定される抵抗の実現値は**表22.1**となります．他の因子も同様です．

　すると，制御因子が5つあるので，誤差因子も5つになります．そこで誤差因子も直交表に割り付けることにします．制御因子を割り付ける直交表を内側直交表，誤差因子を割り付ける直交表を外側直交表と呼びます．そして，制御因子と誤差因子の交互作用がすべて推定可能になるように，両者を直積の形で組み合わせます．内側と外側にそれぞれ L_8 直交表を用いた場合を**表22.2**に示します．紙面の都合で L_8 にしていますが，実際に行うときには L_{18} を使ってく

ださい.

直積配置の見方は以下のとおりです. 例えば, 内側第 3 行, 外側第 4 行の組合せでは, 制御因子の水準組合せが,

$A_1 : 100\ \Omega$　　　$C_2 : 50\ \Omega$　　　$D_1 : 10\ \Omega$　　　$F_1 : 6\text{V}$　　　$G_2 : 50\ \Omega$

で, 誤差因子の水準組合せが,

$A'_1 : 5\%$減　　　$C'_2 : 5\%$増　　　$D'_2 : 5\%$増　　　$F'_2 : 5\%$増　　　$G'_1 : 5\%$減

なので, 各制御因子の実現している値は以下となります.

$A : 95\ \Omega$　　　$C : 52.5\ \Omega$　　　$D : 10.5\ \Omega$　　　$F : 6.12\text{V}$　　　$G : 47.5\ \Omega$

いま, 未知抵抗 R の真値が既知として, これを B について解いた $B = RC/D$ を B の標準値とします. 理論式 (22.2) の右辺の B 以外の A, C, D, F, G には, 前述の制御因子と内乱誤差因子の水準組合せで規定されるパラメータの実現値を入れます.

因子 B は制御因子ではありませんが, これにも内乱が加わるので, 標準値に誤差のついた値を式 (22.2) 右辺に入れます. 誤差因子 B' の水準幅も ± 5% としておきます. さらに, 電流計の読み取り誤差 X も,

第 1 水準 : -1mA　　　第 2 水準 : $+1\text{mA}$

とします. データが揃ったら, 外側直交表が規定する 8 通りの条件から標本 SN 比を求め, これを内側の制御因子で最大化します. さらに, SN 比に対して影響が小さく, 平均に対して影響の大きい制御因子で, 平均を R の真値に調節します.

このように理論式やシミュレータがある場合には, それによる数値実験が有効です.

Q.23★ パラメータ設計の実験では, 構造模型というものがないのですか.

A.23 Fisher 流実験計画法の場合には, 構造模型 (データの構造式) の理解が

重視されています．それは，要因効果図を作成して要因効果の概略を把握し，各要因効果の有無を分散分析表で判定し，効果が見出された要因に関して最適条件を決定し，その下で推定を行うといった一連の解析手順において構造模型を念頭に置いているからです．特に，最後の推定手順では，効果が見出された要因に着目します．これは，最初に想定した構造模型が，分散分析という解析手順を経て，推定対象となる要因効果を記載した構造模型に変化したことを意味します．つまり，構造模型はいわば解析を進めるための地図の役割をもっています．

　パラメータ設計では，母数を推定するという考え方が強調されないので，構造模型の概念が薄いのかもしれません．また，制御因子間の交互作用(有害な悪玉交互作用，**A.2** を参照)を考慮しないので，推定手順が単純であり，構造模型を表に出さなくても適切に計算できるからとも考えられます．しかし，要因効果図で各主効果の有無を考察し，各要因の最適水準を選ぶのは，次のような構造模型を暗に想定していることに他なりません．

$$\log_e \frac{\mu^2}{\sigma^2} = \overline{\mu} + \alpha_i + \beta_j + \gamma_k + \cdots \tag{23.1}$$

ここで，$\overline{\mu}$は一般平均，α_iは因子 A の第i水準の主効果，β_jは因子 B の第j水準の主効果，γ_kは因子 C の第k水準の主効果を表し，μとσはそれらの水準組合せのときの母平均と母標準偏差を表します．なお，一般平均はμと記載することが多いですが，左辺のμと区別するために$\overline{\mu}$と記載しました．

　また，再現性を確認(**A.33** を参照)する際に，最適水準や参照水準において推定の計算を行います．これらの解析手順はまさに構造模型にもとづいて推定作業が行われていると考えられます．

　さらに，対数をとるのは，要因効果の加法性を狙ったものなので，式(23.1)のような構造模型が念頭にあるといえます．

　したがって，パラメータ設計の場合でも，構造模型を明示する，ないしは，構造模型を少なくとも想定することは大切です．

　なお，重回帰分析や T 法や MT 法ではモデル選択や変数選択を行います．

これは，データ採取時に想定していた構造模型を，データによく当てはまる，
ないしは予測力のある，適切な構造模型に変更していく解析作業です．これら
は構造模型を考えているからこそ可能になります．

Q.24★ 誤差因子の調合について教えてください．

A.24 誤差要因が複数あり，それぞれの特性への影響が定性的にわかるとき
には，これらを組み合わせて一つの誤差因子にまとめることができます．これ
を調合といいます．

　例えば，抵抗 R と自己インダクタンス L の交流回路の出力電流は，

$$y = \frac{V}{\sqrt{R^2 + (2\pi f L)^2}} \tag{24.1}$$

で与えられます．このとき，「V：入力交流電圧」「R：抵抗」「f：交流周波
数」「L：自己インダクタンス」です．

　出力電流の目標値を 10A とします．制御因子 R と L についてのパラメータ
設計を考えます．誤差因子は 3 水準とり，

- V'：90　100　110　（V）
- f：50　55　60　（Hz）
- R'：設定値の 10% 減　設定値　設定値の 10% 増
- L'：設定値の 10% 減　設定値　設定値の 10% 増

とします．このとき，誤差因子の定性的影響は式より既知なので調合ができま
す．すなわち，以下のとおりです．

- 第 1 水準（マイナス側最悪条件）：V'_1　f_3　R'_3　L'_3
- 第 2 水準（プラス側最悪条件）：V'_3　f_1　R'_1　L'_1

　しかし，次のような場合には注意が必要です．いま，誤差因子 N の y への
効果が**図 24.1** のような単峰であったとします．すると領域 1 では，N の増加
にともない y も増加しますが，領域 2 では，N の増加にともない y は減少しま

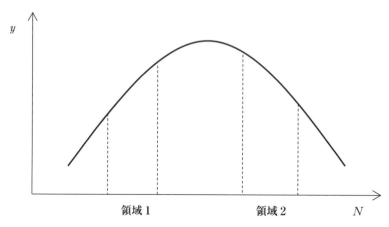

図 24.1　誤差因子の特性への非単調効果

す．このような場合には安易な調合はたいへん危険です．

Q.25★　弊社では，繰り返しのある直交表実験をよく行います．例えば，研削方法に関する実験では，砥石の粒度や回転数といった制御因子の水準設定に手間がかかっても，一度設定してしまえば，各条件で複数の被削材を研削するのはさほど面倒ではありません．繰り返しデータから SN 比を求めて最適条件を選定しています．このやり方で問題ないですか．それともやはり誤差因子を割り付けたほうがよいですか．

A.25 繰り返しのある直交表実験というのは Fisher 流実験計画法でも取り上げられていました．L_8の場合を表 25.1 に示します．L_8が 1 次単位で 2 次単位が繰り返しの分割実験なので，分散分析表は表 25.2 のようになります．

　さて，品質特性のばらつき低減を目的にするとき，表 25.2 は，的を射ていません．2 次誤差（繰り返し誤差分散）が L_8の行間で等しいことを前提にしているからです．

表 25.1　繰り返しのある直交表実験データ

No.	A 1	2	B 3	4	C 5	6	D 7				
1	1	1	1	1	1	1	1	y_{11}	y_{12}	$\cdots$	y_{1n}
2	1	1	1	2	2	2	2	y_{21}	y_{22}	$\cdots$	y_{2n}
3	1	2	2	1	1	2	2		$\vdots$		
4	1	2	2	2	2	1	1		$\vdots$		
5	2	1	2	1	2	1	2		$\vdots$		
6	2	1	2	2	1	2	1		$\vdots$		
7	2	2	1	1	2	2	1		$\vdots$		
8	2	2	1	2	1	1	2	y_{81}	y_{82}	$\cdots$	y_{8n}

表 25.2　繰り返しのある L_8 実験データの分散分析表

要因	平方和	自由度	平均平方	F 比
A	S_A	1	V_A	$F_A = V_A/V_{E1}$
B	S_B	1	V_B	$F_B = V_B/V_{E1}$
C	S_C	1	V_C	$F_C = V_C/V_{E1}$
D	S_D	1	V_D	$F_D = V_D/V_{E1}$
$E_{(1)}$	S_{E1}	3	V_{E1}	$F_{E1} = V_{E1}/V_{E2}$
$E_{(2)}$	S_{E2}	$8(n-1)$	V_{E2}	—

　しかし，ばらつき低減の実験計画では，行間でのばらつきの差異と制御因子との関連を発見しようとしています．SQC の原点である $\bar{x}$–R 管理図の精神に立ち戻れば，行を群として，行間の平均とともにばらつきの違いに着目するのが筋です．ですから，ご質問にあるように，各行で標本 SN 比を算出し，これを制御因子で分散分析するというのは実に的を射たものです．

　これは狙いとしてはよいのです．しかし，実際には繰り返し数が相当大きくないと満足な検出力は得られません．分散の違いに関する検定の検出力は悲しいほど低いのです．ばらつきの違いを見るには，n は 20 程度ほしいのですが，これはいささか無理な要求です．そこで，繰り返しによってばらつきが起こる

のを受動的に待つのでなく，意図的にばらつきを作り出すという能動的作業が
有用となります．ここに誤差因子の外側割付けが登場するのです．ですから，
繰り返しでなく，誤差因子を割り付けることをお勧めします．

Q.26★★　望目特性に対してパラメータ設計を行ったところ，
制御因子と誤差因子の交互作用を検出できたのですが，図
26.1 のような交互作用になり，A_1 も A_2 も誤差因子の影響を強
く受けます．このような場合どうしたらよいですか．

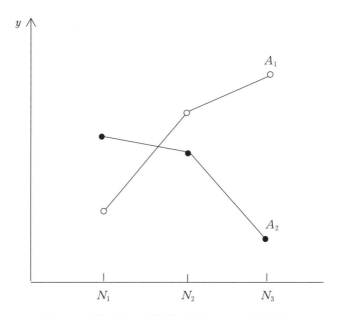

図 26.1　制御因子の水準間に優劣のない交互作用

A.26 ご指摘どおり，この場合は A_1 と A_2 に優劣関係はありません．しかし，
多くの因果関係というものは連続的なものです．A_1 から A_2 へ移ることで，N
の効果が増加効果から減少効果に変わるということは，A_1 と A_2 の中間におい

て，N の効果がなくなる可能性が高いです．そのためには，制御因子も誤差
因子も量的因子で水準間隔に意味がなければなりません．このことは，実験に
取り上げる因子はなるべく量的因子にすべきであるという指針を与えます．

> ## Q.27★★ 成形部品の焼成工程で部品の焼き上がり寸法がばら
> ついて困っています．焼成前の成型寸法がばらついているの
> が一因と考えています．成型部品の寸法を誤差因子とした実
> 験を行えばよいのですか．

A.27 焼成工程の機能は，焼成前寸法 M を焼成後寸法 y に確実に転写するこ
とです．これがなければ精度ある形状管理はできません．型寸法のばらつきを
抑えるには，それを成型するプレス工程の改善が必要です．つまり，焼成工程
において，焼成前寸法は誤差因子でなく，信号因子です．

> ## Q.28★ 直交表 L_{18} に 6 つの制御因子を割り付け，その外側に 3
> 水準の信号因子と 2 水準の誤差因子を直積で割り付けた実験
> を計画しています．このとき，実験順序はどうすればよいで
> すか．全部で 18 × 3 × 2 の処理を完全無作為化するのですか．

A.28 田口先生は生前「実験はやりやすい順序で行えばよい」というユー
ザーフレンドリーな発言をなさっていました．これは「誤差因子の効果が実験
誤差よりはるかに大きいからだ」と一般に理解されています．しかし筆者は，
例えば，制御因子を L_{18} に割り付けた場合，18 回の処理は無作為化したほうが
よいと考えています．もちろん，18 × 3 × 2 の処理を完全無作為化するとい
うのは現実的ではありませんから，直交表を 1 次単位，外側配置を 2 次単位
とした分割実験というのが妥当だと思います．

Q.29★★★　工場実験で望目特性のパラメータ設計を計画していま
す．主要な誤差要因は絞り込めているのですが，制御不能
で誤差因子として水準設定できません．誤差要因の測定はで
きます．どうしたらよいですか．

A.29　工場実験では誤差因子の水準設定が難しいケースは多いと思います．
そもそも実験で誤差要因が制御可能なら，操業段階でも制御すればよいのです
から，この場合は，誤差要因を共変量とした共分散分析をすればよいのです．
パラメータ設計では，実験順序はあまりうるさくいわれませんが，この場合は
完全無作為化をして，誤差要因によるバイアスを除去する必要があります．

　最も簡単な場合として，制御因子が一つで，誤差要因も一つの場合を考えま
す．繰り返し数をnとします．因子Aの水準数をaとすると，**表 29.1** に示すよ
うに，品質特性yと共変量xが対になって，an組観測されます．

　誤差要因の変動幅は，誤差因子として意図的に広くとっているわけではない
ので，それほど大きくないと考えられます．そこで，誤差要因の効果は線形効
果と仮定します．すると，データの構造模型は，

$$y_{ij} = \mu_i + \beta_i x_{ij} + \varepsilon_{ij} \tag{29.1}$$

となります．単回帰係数に添え字iが付いていることに注意してください．こ
のモデルがフルモデルになります．

　一方，誤差要因の効果がAの水準間で一定という縮約モデルが，

$$y_{ij} = \mu_i + \beta x_{ij} + \varepsilon_{ij} \tag{29.2}$$

表 29.1　共変量が一つのときの実験データ

A_1	$(x_{11}, y_{11}), (x_{12}, y_{12}), \cdots, (x_{1n}, y_{1n})$
A_2	$(x_{21}, y_{21}), (x_{22}, y_{22}), \cdots, (x_{2n}, y_{2n})$
$\vdots$	$\vdots$
A_a	$(x_{a1}, y_{a1}), (x_{a2}, y_{a2}), \cdots, (x_{an}, y_{an})$

です．このモデルは共分散分析モデルとして知られるものです．すると，制御因子Aと誤差要因の間に交互作用があるという検定は，帰無仮説として，

$$H_0 : \beta_1 = \beta_2 = \cdots = \beta_a \tag{29.3}$$

を設定し，対立仮説をH_0の否定とする検定になります．正規線形モデルの一般論より，この検定の統計量は，

$$F = \frac{(RSS_0 - RSS_1)/(a-1)}{RSS_1/\{a(n-2)\}} \tag{29.4}$$

となります．ここに，RSS_0は帰無仮説のもとでの残差平方和で，RSS_1は対立仮説のもとでの残差平方和です．Fは自由度$(a-1, a(n-1))$のF分布に従います．

RSS_1を求めるには，Aの各水準で説明変数をxとする単回帰分析を行い，それぞれの残差平方和をAの水準について足せばよいです．一方，RSS_0を求めるには共分散分析を行います．すなわち，$a-1$個のダミー変数$d_1, d_2, \cdots, d_{a-1}$を用意し，$d_i$は$A_i$のときに$1$で，その他は$0$とします．そして回帰モデル

$$y_{ij} = \mu + \alpha_1 d_1 + \cdots + \alpha_{a-1} d_{a-1} + \beta x_{ij} + \varepsilon_{ij} \tag{29.5}$$

の残差平方和を求めればよいのです[4]．

Q.30★★ 実験計画法では，「3因子以上の高次の交互作用は無視してよい」と教わりました．この方針はパラメータ設計でも同じと考えてよいですか．

A.30 タグチメソッドでは，制御因子間の3因子交互作用はもちろん2因子交互作用も無視します．しかし，制御因子と信号因子と誤差因子の3因子交互作用は考えているのです．図30.1を見てください．A_1では，信号因子Mと誤

---

4) この検定法は，以下の論文によって与えられました．
  • 平野敏弘，宮川雅巳(2007)：「誤差要因を共変量として観測する場合のロバストパラメータ設計」，『品質』，37，[4]，pp.385-391.

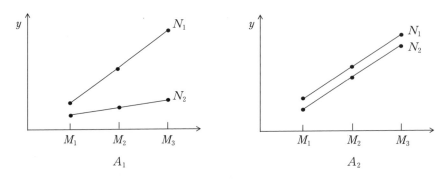

図 30.1　制御×信号×誤差の3因子交互作用

差因子 N に2因子交互作用があります。一方、A_2 では、その交互作用があり
ません。つまり、3因子交互作用 $A \times M \times N$ があるのです。ですから、A_1 と
A_2 の間で優劣関係があります。ただし、タグチメソッドでは、3因子交互作用
を単独に取り出すことはせずに、動的 SN 比に含めて評価しています。

Q.31★★★　計測特性としてどのような特性値にすべきかについて、原理・原則はあるのですか。

A.31 これはとても難しい問題ですが、田口先生は「実験特性は、その2乗
がエネルギーに比例することが望ましい」とおっしゃっていました。

なぜ2乗がエネルギーに比例するのが望ましいかといえば、データ解析で2
乗和の分解をするからです。誤差因子 N と信号因子 M の二元配置では、

$$S_T = S_\beta + S_{N \times \beta} + S_E \tag{31.1}$$

と分解します。この分解は y がいかなる物理量であろうとできるのですが、こ
の分解が物理的に意味をもつには、y^2 がエネルギーに比例しているべきだとい
う考え方です。

例えば、車のスタート性能を評価するとき、アクセルを一定量踏み込んだと
します。時間 T と移動距離 y の関係は、加速度を一定とすれば、

$$y = bT^2 \tag{31.2}$$

です．ここに b はある定数です．高校で学んだ物理学を復習すれば，静止している質量 M の物体に一定の力 F を作用させたとき，運動の第 2 法則より加速度 a は，$a = \dfrac{F}{m}$ となります．よって，時間 T までに進んだ距離 y は，

$$y = \left(\frac{1}{2}\right) aT^2 = \left(\frac{1}{2}\right)\left(\frac{F}{m}\right)T^2 \tag{31.3}$$

となります．このとき力 F が行った仕事量 W は，

$$W = Fy = \left(\frac{1}{2}\right)\left(\frac{F^2}{m}\right)T^2 \tag{31.4}$$

です．仕事量はエネルギーの大きさを表しています．すなわち，$y = bT^2$ の y はエネルギーに比例する量なので，上の指針を満たしません．2 乗がエネルギーに比例するためには，$\sqrt{y}$ が望ましいわけです．よって，比例式は，

$$\sqrt{y} = \beta T \tag{31.5}$$

が望ましく，解析では $\sqrt{y}$ を生データにします．

Q.32★★ 望大特性に対してパラメータ設計を行ったのですが，誤差因子の効果が強すぎて，誤差因子の影響を受けない条件を見出すことができませんでした．望大特性なので，チューニング法を使えません．どうすればよいですか．

A.32 いわゆる加速要因とされる誤差因子の影響をなくすのは非常に難しいと思われます．その場合は，要因効果図が**図 32.1** で表されるような，誤差因子との交互作用がなく，かつ主効果をもつ制御因子 A を見出すことが目標になります．

このとき，制御因子と誤差因子の間に交互作用がありませんから，望大特性の場合，A_1 が A_2 よりも明らかに優れています．これも例を使って説明します．

カーエアコン業界では，地球温暖化対策として自然系冷媒への移行，環境負

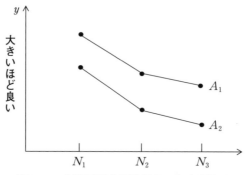

図 32.1　制御因子と誤差因子の無交互作用

荷の減少対策としてエアコンシステムの効率改善が検討されています．ここで
の実験は，エアコンシステムの効率改善として COP (Coefficient Of
Performance)の向上を狙ったものです．

　取り上げた制御因子はいずれも質的因子で，

　　・ A：鉄板(4 水準)
　　・ B：スラスト(2 水準)
　　・ C：ピストンコーティング(2 水準)
　　・ D：ピストンリング(2 水準)
　　・ F：リップシール(2 水準)

であり，これらの間の2因子交互作用をいくつか取り上げることにして，**図
32.2** に示す線点図に割り付けました．4水準因子の割付けには多水準法を用い
ています．この割付けの意図は因子 B と他の因子との交互作用を重視してい
ることです．$A \times B$ の自由度1成分は第6列に出るので，ここには $C \times D$ が
交絡しています．

　一方，誤差因子としては評価条件を取り上げました．評価条件は回転数，吐
出圧，吸入圧力などで記述されるのですが，ここでは回転数で代表させ，
「N_1：800rpm, N_2：2000rpm」として得られたデータを**表 32.1** に示します．こ
のデータを図示したものが**図 32.3** です．

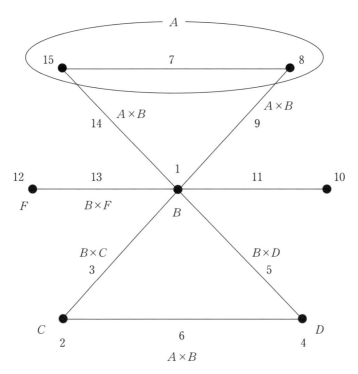

図 32.2 制御因子の L_{16} への割付け

表 32.1 エアコンシステムの COP 実験データ

No.	B	C	B×C	D	B×D	A×B	A	A	A×B			F	B×F	A×B	A	N_1	N_2
	1	2	3	4	5	6	7	8	9	10	11	12	13	14	15		
1	1	1	1	1	1	1	1	1	1	1	1	1	1	1	1	2.78	1.91
2	1	1	1	1	1	1	1	2	2	2	2	2	2	2	2	2.84	1.98
3	1	1	1	2	2	2	2	1	1	1	1	2	2	2	2	3.04	2.02
4	1	1	1	2	2	2	2	2	2	2	2	1	1	1	1	3.13	2.04
5	1	2	2	1	1	2	2	1	1	2	2	1	1	2	2	2.84	1.97
6	1	2	2	1	1	2	2	2	2	1	1	2	2	1	1	3.07	2.05
7	1	2	2	2	2	1	1	1	1	2	2	2	2	1	1	2.83	1.97

表32.1　つづき

No.	B	C	B×C	D	B×D	A×B	A	A	A×B			F	B×F	A×B	A	N_1	N_2
	1	2	3	4	5	6	7	8	9	10	11	12	13	14	15		
8	1	2	2	2	2	1	1	2	2	1	1	1	1	2	2	2.94	2.03
9	2	1	2	1	2	1	2	1	2	1	2	1	2	1	2	2.90	1.95
10	2	1	2	1	2	1	2	2	1	2	1	2	1	2	1	3.15	2.03
11	2	1	2	2	1	2	1	1	2	1	2	2	1	2	1	3.03	2.02
12	2	1	2	2	1	2	1	2	1	2	1	1	2	1	2	2.86	2.03
13	2	2	1	1	2	2	1	1	2	2	1	1	2	2	1	3.02	2.02
14	2	2	1	1	2	2	1	2	1	1	2	2	1	1	2	2.96	2.02
15	2	2	1	2	1	1	2	1	2	2	1	2	1	1	2	2.94	1.98
16	2	2	1	2	1	1	2	2	1	1	2	1	2	2	1	3.12	2.03

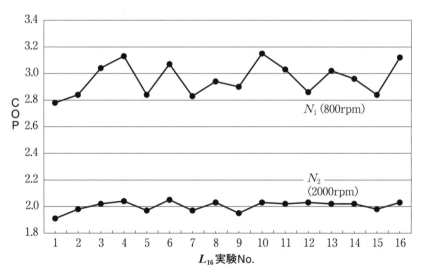

図32.3　COP 実験データのグラフ化

　図 32.3 より，この実験での誤差因子は非常に強い因子であって，N_1 と N_2 での値が全く異なることが観察されます．このような場合は，N の影響を受けない処理条件を見出すのは無理なので，図 32.1 に示したように，制御因子の最適条件が誤差因子の水準間で異ならないことを確かめることが主目的になります．そこで，N_1 と N_2 で別々に解析しました．各列平方和を求めたのが表 32.2 です．

　N_2 での値は変動が小さいので，N_1 において制御因子の最適条件を検討することにしました．交互作用としては $A \times B$ に加えて $B \times D$ も無視できない大きさをもっています．図 32.4 に要因効果図を示します．

　交互作用は $A \times B$ と $B \times D$ だけなので，最適条件は簡単に選定できます．選択した構造式は，

$$\mu + \alpha + \beta + (\alpha\beta) + \delta + (\beta\delta) \tag{32.1}$$

です(添え字は省略しています)．これにもとづき推定された最適条件は A_3,

表 32.2　N_1 と N_2 での列平方和

列番号	要因	N_1 での平方和	N_2 での平方和
1	B	0.011	0.001
2	C	0.001	0.001
3	$B \times C$	0.001	0.000
4	D	0.003	0.002
5	$B \times D$	0.022	0.001
6	$A \times B$	0.019	0.005
7	A	0.043	0.001
8	A	0.039	0.009
9	$A \times B$	0.002	0.001
10	―	0.007	0.000
11	―	0.000	0.001
12	F	0.002	0.001
13	$B \times F$	0.000	0.000
14	$A \times B$	0.023	0.001
15	A	0.052	0.001

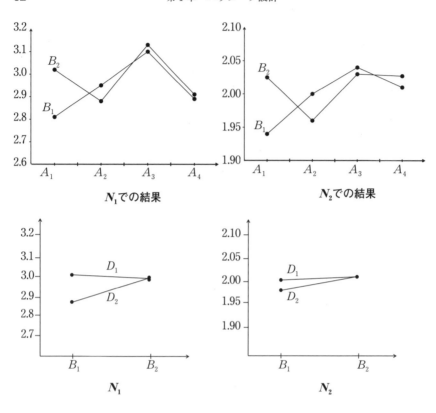

図32.4　COP実験データでの要因効果図

B_2, D_1となり，ほぼ満足いく結果が得られました．

Q.33★★　制御因子間の交互作用が強いと再現性が得られない といわれますが，なぜなのですか．

A.33 L_{18}直交表実験など制御因子間の交互作用を検出しない場合を考えます．

パラメータ設計では，確認実験による再現性の確認が必須とされています．パラメータ設計におけるSN比の再現性の確認は次のように行います（感度に

ついても同様です).

① SN 比に影響を与える制御因子を発見し, SN 比を最大にする制御因子
の水準(最適条件)を定めます. 説明を簡単にするため 2 つの制御因子 A
と B に絞られて, 実験データから決定された最適条件は A_2B_3 とします.
また, 参照条件として現行の水準組合せ A_1B_1 を選びます. 最適条件と参
照条件における SN 比の真値 $\gamma(A_2B_3)$, $\gamma(A_1B_1)$ を実験データにもとづいて
次のように推定します.

$$\hat{\gamma}_E(A_2B_3)=\overline{\overline{y}}+\left(\overline{y}_{A2}-\overline{\overline{y}}\right)+\left(\overline{y}_{B3}-\overline{\overline{y}}\right)=\overline{y}_{A2}+\overline{y}_{B3}-\overline{\overline{y}} \tag{33.1}$$

$$\hat{\gamma}_E(A_1B_1)=\overline{\overline{y}}+\left(\overline{y}_{A1}-\overline{\overline{y}}\right)+\left(\overline{y}_{B1}-\overline{\overline{y}}\right)=\overline{y}_{A1}+\overline{y}_{B1}-\overline{\overline{y}} \tag{33.2}$$

上記右辺は, 各条件での SN 比の平均にもとづく計算です. $\hat{\gamma}_E$ の添え字
E は実験(Experiment)データにもとづく推定を意味します. そして, 両
者の差(利得, Gain) $\widehat{G}_E$ を求めます.

$$\widehat{G}_E=\hat{\gamma}_E(A_2B_3)-\hat{\gamma}_E(A_1B_1) \tag{33.3}$$

② 最適条件と参照条件で新たに確認実験を行い, SN 比 $\hat{\gamma}_C(A_2B_3)$,
$\hat{\gamma}_C(A_1B_1)$ を計算し(こちらは, 式(33.1)や式(33.2)のように構造模型にも
とづいて求めるのではなく, 水準組合せごとに直接求めます), 利得 $\widehat{G}_C$ を
求めます.

$$\widehat{G}_C=\hat{\gamma}_C(A_2B_3)-\hat{\gamma}_C(A_1B_1) \tag{33.4}$$

$\hat{\gamma}_C$ の添え字 C は確認(Confirmatory)実験データからの推定を意味しま
す.

③ 利得の差 $\widehat{G}_E-\widehat{G}_C$ が ± 3 デシベル(dB)以内なら再現性があるとみなしま
す. ± 3 (dB)以内の意味は次のとおりです. $\hat{\eta}$ を対数をとる前の SN 比と
し, $\hat{\gamma}=10\log_{10}\hat{\eta}$ とすると, 利得 $\widehat{G}$ は次のように表すことができます.

$$\widehat{G}=\hat{\gamma}(A_2B_3)-\hat{\gamma}(A_1B_1)=10\log_{10}\left\{\frac{\hat{\eta}(A_2B_3)}{\hat{\eta}(A_1B_1)}\right\} \tag{33.5}$$

したがって, 利得の差が ± 3 (dB)なら次式が成り立ちます.

$$\widehat{G}_E - \widehat{G}_C = 10\log_{10}\left\{\frac{\hat{\eta}_E(A_2B_3)\big/\hat{\eta}_E(A_1B_1)}{\hat{\eta}_C(A_2B_3)\big/\hat{\eta}_C(A_1B_1)}\right\} = \pm3$$

$$\Leftrightarrow \quad \frac{\hat{\eta}_E(A_2B_3)\big/\hat{\eta}_E(A_1B_1)}{\hat{\eta}_C(A_2B_3)\big/\hat{\eta}_C(A_1B_1)} = 10^{\pm0.3} \approx 0.501,\ 2.00 \tag{33.6}$$

このように，±3(dB)以内という規準は，最適条件と参照条件における(対数をとる前の)SN比の比が2倍以内というものです。

　再現性の確認において，利得を考える理由は次のとおりです。最初の実験と確認実験において実験の場の違いによる効果 Z があるとします。最初の実験の場では z_E の効果があり，確認実験の場では z_C の効果があるとします。このとき，利得を考えると，Z の影響が消去され，最初実験の場と確認実験の場を公平に比較できます。

　もう少し一般的に考えてみましょう。最初の実験における最適条件と参照条件の下での SN 比の真値を，次の構造模型

$$\gamma_E(A_2B_3) = \mu + z_E + \alpha_2 + \beta_3 + (\alpha\beta)_{23} \tag{33.7}$$

$$\gamma_E(A_1B_1) = \mu + z_E + \alpha_1 + \beta_1 + (\alpha\beta)_{11} \tag{33.8}$$

と置き，確認実験における最適条件と参照条件のときの SN 比の真値を，

$$\gamma_C(A_2B_3) = \mu + z_C + \alpha_2 + \beta_3 + (\alpha\beta)_{23} \tag{33.9}$$

$$\gamma_C(A_1B_1) = \mu + z_C + \alpha_1 + \beta_1 + (\alpha\beta)_{11} \tag{33.10}$$

と置きます。ここで，実験の場の影響 z_E，z_C を明示的に追記しています。$(ab)_{ij}$ は交互作用です。いつものように，$\sum_i \alpha_i = \sum_j \beta_j = \sum_i (\alpha\beta)_{ij} = \sum_j (\alpha\beta)_{ij} = 0$ を仮定します。

　ここで，式(33.1)と式(33.2)の期待値を考えると次のようになります。

$$E\{\hat{\gamma}_E(A_2B_3)\} = E(\bar{y}_{A2} + \bar{y}_{B3} - \bar{\bar{y}}) = \mu + z_E + \alpha_2 + \beta_3 \tag{33.11}$$

$$E\{\hat{\gamma}_E(A_1B_1)\} = E(\bar{y}_{A1} + \bar{y}_{B1} - \bar{\bar{y}}) = \mu + z_E + \alpha_1 + \beta_1 \tag{33.12}$$

すなわち，$\hat{\gamma}_E(A_2B_3)$ や $\hat{\gamma}_E(A_1B_2)$ は，式(33.7)や式(33.8)の真値の不偏推定量に

なっていません.

　一方, 確認実験の場合には, その水準組合せだけのデータで SN 比を求めるので, その推定量の期待値は,

$$E\{\hat{\gamma}_C(A_2B_3)\}=\mu+z_C+\alpha_2+\beta_3+(\alpha\beta)_{23} \tag{33.13}$$

$$E\{\hat{\gamma}_C(A_1B_1)\}=\mu+z_C+\alpha_1+\beta_1+(\alpha\beta)_{11} \tag{33.14}$$

となり, $\hat{\gamma}_C(A_2B_3)$ や $\hat{\gamma}_C(A_1B_1)$ は式 (33.9) や式 (33.10) の不偏推定量になります.

　さらに, 利得の真値は, 式 (33.7) と式 (33.8), および, 式 (33.9) と式 (33.10) より, それぞれ,

$$G_E=\gamma_E(A_2B_3)-\gamma_E(A_1B_1)=\alpha_2+\beta_3+(\alpha\beta)_{23}-\alpha_1-\beta_1-(\alpha\beta)_{11} \tag{33.15}$$

$$G_C=\gamma_C(A_2B_3)-\gamma_C(A_1B_1)=\alpha_2+\beta_3+(\alpha\beta)_{23}-\alpha_1-\beta_1-(\alpha\beta)_{11} \tag{33.16}$$

となって, 両者は同じです. つまり, この同等性をデータから検証するのが再現性の確認です.

　それに対して, 式 (33.3) の $\widehat{G}_E$ の期待値は, 式 (33.11) と式 (33.12) より,

$$E(\widehat{G}_E)=E\{\hat{\gamma}_E(A_2B_3)\}-E\{\hat{\gamma}_E(A_1B_1)\}=\alpha_2+\beta_3-\alpha_1-\beta_1 \tag{33.17}$$

となり, 式 (33.15) の不偏推定量にはなりません. 一方, 式 (33.4) の $\widehat{G}_C$ の期待値は式 (33.13) と式 (33.14) より,

$$E(\widehat{G}_C)=E\{\hat{\gamma}_C(A_2B_3)\}-E\{\hat{\gamma}_C(A_1B_1)\}=\alpha_2+\beta_3+(\alpha\beta)_{23}-\alpha_1-\beta_1-(\alpha\beta)_{11} \tag{33.18}$$

となり, 式 (33.16) の不偏推定量になります. これらより, 交互作用が存在すれば, $\widehat{G}_E$ と $\widehat{G}_C$ は食い違う傾向にあり, 再現性が得られにくくなります.

　制御因子と実験の場の影響 Z との交互作用があるときも, 同様に, 再現性が得られにくくなります.

　以上に述べたように, 利得を考えることにより実験の場の影響を取り除くという工夫がなされていますが, 「制御因子間の交互作用」や「制御因子と実験

の場の影響との間の交互作用」が存在し，その効果が大きいなら，再現性は得られにくくなります．

　再現性が得られない場合，田口先生は「直交表に感謝しなさい」と言われていたそうです．これは，直交表を用いて多くの因子を同時に実験することにより，再現性が得られなくても，すぐに別の因子を考慮して次の実験をすることにより，効率的に検討できることを言われているのだと考えられます．

第2章

SN 比

Q.34★★ 望目特性の SN 比や動特性の SN 比での分子の引き算の意味がわかりません.

A.34 望目特性において，データ $y_1, y_2, \cdots, y_n$ が得られたとき，標本 SN 比は，

$$\gamma = 10 \log_{10} \left\{ \frac{(S_m - V_E)/n}{V_E} \right\} \tag{34.1}$$

です．ここに，

$$S_m = \left(\sum_{i=1}^{n} y_i \right)^2 \Big/ n \tag{34.2}$$

$$V_E = \left(\sum_{i=1}^{n} y_i^2 - S_m \right) \Big/ (n-1) \tag{34.3}$$

で与えられます．分子の $(S_m - V_E)/n$ は μ^2 の推定量，分母の V_E は σ^2 の推定量です．分母は自然ですが，分子は少し複雑です．μ^2 の推定量は $\bar{y}^2$ ではいけないのでしょうか.

実は $\bar{y}$ は μ の不偏推定量ですが，$\bar{y}^2$ は μ^2 の不偏推定量ではありません．$\bar{y}^2$ の期待値は，

$$E(\bar{y}^2) = \{E(\bar{y})\}^2 + V(\bar{y}) = \mu^2 + \frac{\sigma^2}{n} \tag{34.4}$$

となり，σ^2/n だけ正のバイアスをもっています．$(S_m - V_E)/n$ を変形すれば，

$$\bar{y}^2 - \frac{V_E}{n} \tag{34.5}$$

ですから，V_E/n は σ^2/n の不偏推定量なので，これでバイアス補正したことに
なります．ただし，$(S_m - V_E)/n$ を V_E で割った量が μ^2/σ^2 の不偏推定量になっ
ているわけではありません．$y_1, y_2, \cdots, y_n$ の分布に正規分布 $N(\mu, \sigma^2)$ を仮定す
ると，$n\bar{y}^2/V_E$ は，自由度が $(1, n-1)$ で，非心度が $n\mu^2/\sigma^2$ の非心 F 分布に従い
ます（**A.84** を参照）．その平均は，

$$E\left(\frac{n\bar{y}^2}{V_E}\right) = \frac{n-1}{n-3}\left(1 + n\frac{\mu^2}{\sigma^2}\right) \tag{34.6}$$

なので，

$$E\left\{\frac{(S_m - V_E)/n}{V_E}\right\} = \frac{n-1}{n-3}\frac{\mu^2}{\sigma^2} + \frac{2}{n(n-3)} \tag{34.7}$$

となり，正のバイアスをもつことがわかります．つまり，S_m から V_E を引くこ
とは小手先の補正でしかありません．さらに，$S_m - V_E < 0$ のときは対数がと
れません．その点から標本 SN 比を素直に $\bar{y}^2/V_E$ とする流派があり，筆者も
これに賛同します．実際，海外で作られたタグチメソッド用解析ソフトでは，ほ
とんどこの式が使われています．動特性の場合も基本的に同じで，$S_\beta - V_E$ で
分子のバイアス補正をしているのです．

Q.35★　望目特性の SN 比は，望小特性や望大特性のアナロ
ジーあるいは損失関数の流れから，目標値を m としたとき，

$$\gamma = -10\log_{10}\left\{\frac{\sum_{i=1}^{n}(y_i - m)^2}{n}\right\} \tag{35.1}$$

が自然だと思うのですが，これではまずいですか．

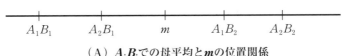

（A）A_iB_iでの母平均とmの位置関係

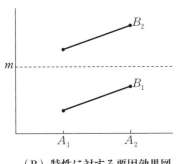

（B）特性に対する要因効果図

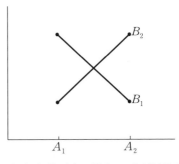

（C）偏差平方に対する要因効果図

図35.1　特性と2乗損失に対する要因効果図

A.35 まずいです．図35.1(A)を見てください．2つの制御因子 A と B の水準組合せでの母平均が横軸の値として与えられているとします．このとき，平均に対する要因効果は図35.1(B)となり，交互作用は存在しません．ところが，目標値からの偏差の2乗を解析特性にすると，図35.1(C)に示すように交互作用 $A \times B$ が現れます．本来，交互作用はないのに，解析特性がまずいため，見かけ上の交互作用が出てしまうのです．制御因子間の交互作用は悪玉交互作用なので，これがある限り普遍性のある最適設計はできません．両側規格のときの不良率でも同じ現象が起きます．

Q.36★　SN 比と統計的方法の検定統計量との違いを教えてください．

A.36 SN 比という言葉はタグチメソッドの中で多用されていますが，通常の

統計的方法ではあまり使われません．しかし，「信号の大きさを誤差の大きさ
の比により評価する」というのは統計学の基本的な考え方なので，検定統計量
の多くは SN 比の一種として捉えることができます．それに対してタグチメ
ソッドでは，誤差を自然発生的なものではなく誤差因子により引き起こされる
という新たな視点で SN 比の概念を用いています．

　以下では，通常の統計的方法の観点から SN 比と呼んでもよい基本的な検定
統計量を例示します．また，それがどのような母数の推定量になっているのか
を併記します．それらを確認してもらい，タグチメソッドで用いる SN との違
いを考えてもらえればと思います．

(1)　一つの母平均の検定統計量

　$y_1, y_2, \cdots, y_n \sim N(\mu, \sigma^2)$ にもとづいて，帰無仮説 $H_0 : \mu = \mu_0$（μ_0 は指定値）を検定
するためには，次の検定統計量を計算します．

$$t_0 = \frac{\bar{y} - \mu_0}{\sqrt{V/n}} \tag{36.1}$$

ここで，$V = \sum_{i=1}^{n}(y_i - \bar{y})^2 / (n-1)$ です．式(36.1)の分子は平均の情報（信号の情
報），分母は誤差の大きさを表しているので，一種の SN 比と考えることがで
きます．式(36.1)は次の量を推定していると考えられます．

$$\frac{\mu - \mu_0}{\sqrt{\sigma^2/n}} \tag{36.2}$$

(2)　単回帰分析の傾きの検定統計量

　対になった n 組のデータ (x_i, y_i) $(i = 1, 2, \cdots, n)$ に対して以下の単回帰モデルを
仮定します．

$$y_i = \beta_0 + \beta_1 x_i + \varepsilon_i \qquad \varepsilon_i \sim N(0, \sigma^2) \tag{36.3}$$

ここで，$S_{xx} = \sum_{i=1}^{n}(x_i - \bar{x})^2$, $S_{yy} = \sum_{i=1}^{n}(y_i - \bar{y})^2$, $S_{xy} = \sum_{i=1}^{n}(x_i - \bar{x})(y_i - \bar{y})$ と表します．

　このとき，β_1 の最小 2 乗推定量は，$\hat{\beta}_1 = S_{xy}/S_{xx} \sim N(\beta_1, \sigma^2/S_{xx})$ となります．

これより，帰無仮説$H_0 : \beta_1 = 0$（回帰に意味がない）を検定するためには，次の検定統計量を計算します．

$$t_0 = \frac{\widehat{\beta}_1}{\sqrt{V_E/S_{xx}}} \tag{36.4}$$

ここで，$V_E = S_E/\phi_E = \left(S_{yy} - \widehat{\beta}_1 S_{xy}\right)/(n-2)$（残差分散）です．式（36.4）もSN比の一種です．式（36.4）は次の量を推定しています．

$$\frac{\beta_1}{\sqrt{\sigma^2/S_{xx}}} \tag{36.5}$$

(3) 原点を通る単回帰分析の傾きの検定統計量

対になったn組のデータ(x_i, y_i) $(i = 1, 2, \cdots, n)$に対して，以下の原点比例式モデルを仮定します．

$$y_i = \beta x_i + \varepsilon_i \qquad \varepsilon_i \sim N(0, \sigma^2) \tag{36.6}$$

このとき，βの最小2乗推定量は，$\widehat{\beta} = \sum_{i=1}^{n} x_i y_i \Big/ \sum_{i=1}^{n} x_i^2 \sim N\left(\beta, \sigma^2 \Big/ \sum_{i=1}^{n} x_i^2\right)$となります．

これより，帰無仮説$H_0 : \beta = 0$（回帰に意味がない）を検定するためには，次の検定統計量を計算します．

$$t_0 = \frac{\widehat{\beta}}{\sqrt{V_E \Big/ \sum_{i=1}^{n} x_i^2}} \tag{36.7}$$

ここで，$V_E = \left(\sum_{i=1}^{n} y_i^2 - \widehat{\beta} \sum_{i=1}^{n} x_i y_i\right)\Big/(n-1)$（残差分散）です．式（36.7）もSN比の一種です．式（36.7）は次の量を推定しています．

$$\frac{\beta}{\sqrt{\sigma^2 \Big/ \sum_{i=1}^{n} x_i^2}} \tag{36.8}$$

(4) 一元配置分散分析

因子Aをa水準設定し，各水準の繰り返し数rはすべての水準で共通とします．総実験回数は$n = ar$となります．得られるデータをy_{ij} $(i = 1, 2, \cdots, a ; j = 1, 2, \cdots,$

r) と表します. 次の構造模型(データの構造式)を仮定します.

$$y_{ij}=\mu_i+\varepsilon_{ij}=\mu+\alpha_i+\varepsilon_{ij}\qquad \varepsilon_{ij}\sim N(0,\sigma^2) \tag{36.9}$$

このとき, 次の平方和の分解が成り立ちます.

$$S_T=\sum_{i=1}^{a}\sum_{j=1}^{r}\left(y_{ij}-\overline{\overline{y}}\right)^2=r\sum_{i=1}^{a}\left(\overline{y}_{i\cdot}-\overline{\overline{y}}\right)^2+\sum_{i=1}^{a}\sum_{j=1}^{r}\left(y_{ij}-\overline{y}_{i\cdot}\right)^2=S_A+S_E \tag{36.10}$$

この平方和の分解に対応して自由度の分解は次のようになります(**A.88** も参照).

$$\phi_T=n-1=(a-1)+(n-a)=\phi_A+\phi_E \tag{36.11}$$

帰無仮説 $H_0: \sigma_A^2\left(=\sum_{i=1}^{a}\alpha_i^2\middle/\phi_A\right)=0$(因子 A の効果がない)を検定するため, 分散分析表において次の検定統計量(分散比)を計算します.

$$F=\frac{V_A}{V_E}=\frac{S_A/\phi_A}{S_E/\phi_E} \tag{36.12}$$

式(36.12)の分子は各水準の平均の違いを表しているので信号, 分母は誤差に対応します. すなわち, SN 比と捉えることができます. 式(36.12)は次の量を推定しています.

$$\frac{\sigma^2+r\sigma_A^2}{\sigma^2}=1+r\frac{\sigma_A^2}{\sigma^2} \tag{36.13}$$

以上で述べたすべての検定統計量は「信号(意味のある量)」と「誤差に対応する量」との比の形になっており, SN 比の概念に整合します. また, 上記のすべての検定統計量はデータの単位によらない無名数となっている点に注意してください.

　一方, タグチメソッドで用いる SN 比では, 分母の部分が受動的(自然発生的)な誤差分散ではなく, 誤差因子を導入して能動的にばらつきを発生させた量であることに再度注意してください. つまり, 計算している統計量は類似していても, それが推定している σ^2 の意味が全く異なります. 受動的に誤差を精度よく評価するにはサンプルサイズを大きくする必要がありますが, 能動的にばらつきを生じさせるためには誤差因子の水準を振ることによりサンプルサイズは小さくてもよいというメリットがあります.

また，タグチメソッドで用いる SN 比は，しばしばデータのもつ単位に依存します．したがって，SN 比自体をデシベル値と呼ぶのは適切ではない場合があります．この点については **A.37** を参照してください．

Q.37★ SN 比をなぜデシベルと呼ぶのですか．

A.37 デシベル(dB)は，一般に，ある物理量に対して

$$10\log_{10}\left(\frac{実測値}{基準値}\right) \tag{37.1}$$

と定義されます．ふつう物理量には単位がありますが，式(37.1)ではその単位が約分されて，無名数(無次元数)になっている点に注意してください．

パラメータ設計で用いられる代表的な SN 比について単位を確認しましょう．

(1) 望目特性の場合

$$\gamma = 10\log_{10}\left(\bar{y}^2 / V_E\right) \tag{37.2}$$

$\bar{y}^2/V_E =$ (平均の 2 乗)/(分散)なので，データの単位が約分されます．すなわち，これは単位に依存しない無名数になっています．

(2) 望小特性の場合

$$\gamma = -10\log_{10}\left(\frac{1}{n}\sum_{i=1}^{n}y_i^2\right) \tag{37.3}$$

この場合，データの単位は残ります．例えば，yの単位はcmとし，これをmmの単位に変換した量をzとします．つまり，$z_i = 10y_i$ $(i=1, 2, \cdots, n)$ と変換します．このとき，zにもとづく SN 比とyにもとづく SN 比との関係は次のようになります．

$$-10\log_{10}\left(\frac{1}{n}\sum_{i=1}^{n}z_i^2\right) = -10\log_{10}\left\{10^2\left(\frac{1}{n}\sum_{i=1}^{n}y_i^2\right)\right\}$$

$$= -10\log_{10} 10^2 - 10\log_{10}\left(\frac{1}{n}\sum_{i=1}^{n} y_i^2\right)$$

$$= -20 - 10\log_{10}\left(\frac{1}{n}\sum_{i=1}^{n} y_i^2\right) \tag{37.4}$$

　同じデータであっても，単位が変化するだけで SN 比の値は影響を受けます．したがって，式(37.3)のようにデータの単位に依存する量をデシベルと呼ぶのは不適切です．

　田口先生は，**A.33** で述べたように，最適条件での SN 比と参照条件(現行条件)での SN 比の差として求められる利得を重視されました．その場合には，式(37.1)の形になって，単位に依存しない量になります．式(37.4)にもとづいて考えると，zにもとづく SN 比の利得とyにもとづく SN 比の利得は，-20が相殺されるので，同じ値になります．

(3)　望大特性の場合

$$\gamma = -10\log_{10}\left(\frac{1}{n}\sum_{i=1}^{n}\frac{1}{y_i^2}\right) \tag{37.5}$$

　この量も単位に依存します．デシベルと呼ぶのは不適切です．

(4)　原点比例式の場合

　対になったn組のデータ(x_i, y_i) $(i=1, 2, \cdots, n)$に対して原点比例式モデル

$$y_i = \beta x_i + \varepsilon_i \tag{37.6}$$

を考えます．このとき，SN 比として次の 2 通りが用いられます．この点については **A.34** を参照してください．

$$\gamma = 10\log_{10}\frac{\hat{\beta}^2}{V_E} \tag{37.7}$$

$$\gamma = 10\log_{10}\left\{\frac{(S_\beta - V_E)\big/\sum_{i=1}^{n} x_i^2}{V_E}\right\} \tag{37.8}$$

ここで，$\hat{\beta} = \sum_{i=1}^{n} x_i y_i \big/ \sum_{i=1}^{n} x_i^2$, $S_\beta = \left(\sum_{i=1}^{n} x_i y_i\right)^2 \big/ \sum_{i=1}^{n} x_i^2$, $V_E = \left(\sum_{i=1}^{n} y_i^2 - \hat{\beta}\sum_{i=1}^{n} x_i y_i\right)\big/(n-1)$ です．

例えば，xの単位が mm，yの単位が g とすると，$\hat{\beta}$の単位は g/mm，S_βの単位はg^2，V_Eの単位はg^{2}となります．したがって，式(37.7)と式(37.8)の常用対数のなかは，1/mm^{2}という単位になります．つまり，式(37.7)や式(37.8)をデシベルと呼ぶのはやはり不適切です．

一般にAとBが同じ単位をもつなら，$\log_{10} A - \log_{10} B = \log_{10}(A/B)$は単位に依存しない無名数になります．つまり，SN 比自体が単位に依存していても，利得は無名数になるので利得をデシベルと呼ぶのは適切です．

デシベルを定義する際，常用対数をとって 10 倍しています．対数の底の変換公式より，

$$\log_{10} y = \frac{\log_e y}{\log_e 10} \tag{37.9}$$

が成り立つので，常用対数と自然対数は定数倍の関係にあります．したがって，SN 比の要因効果図を描いたり，最適条件を定めたりする際には，常用対数と自然対数のどちらを用いてもよいです．また，対数の前の 10 倍も不要です．ただし，再現性の確認をする際，±3 デシベル(dB)の基準を用いるのなら，常用対数を 10 倍する形を用いる必要があります(A.33 を参照)．

Q.38★★★　2値入出力系で度数が観測される場合の標準 SN 比

は，共通の誤り率を，

$$p_0 = \frac{1}{1+\sqrt{\theta}} \tag{38.1}$$

としますが，ここに，

$$\theta = \frac{p_{11} p_{22}}{p_{12} p_{21}} \tag{38.2}$$

と定めたときに，

$$\gamma = -10 \log_{10} \left\{ \frac{1}{(1-2p_0)^2} - 1 \right\} \tag{38.3}$$

で定義されます．これがどうしてＳとＮの比なのですか．

A.38 この2値入出力系は，検査工程で良品と不良品を判定するユニットで
あるとします．式(38.2)はオッズ比と呼ばれ，2×2分割表で行と列の関連性
を表す一般的尺度です．標準SN比はオッズ比の関数です．ここで，オッズ比
と標準SN比について次のような解釈が可能です．

いま，良品と不良品の判定ユニットのなかで何らかの計量値xを測定し，ある閾値x^*によって，$x \leq x^*$ならば良品と判定し，$x > x^*$ならば不良品と判定し
ているとしましょう．x^*の値を変化させることで，2種類の誤りの確率が増減
します．ここで，良品と不良品でのxの分布を考え，簡便のためロジスティック分布を仮定します．

ロジスティック分布の分布関数は，

$$F(x) = \frac{1}{1 + \exp\left(-\dfrac{x - \mu}{\sigma}\right)} \tag{38.4}$$

です．良品におけるxの分布にパラメータ(μ_1, σ)のロジスティック分布，不良
品におけるxの分布にパラメータ(μ_2, σ)のロジスティック分布をそれぞれ仮定
すれば（$\mu_1 < \mu_2$とします），閾値x^*において，

$$p_{11} = \frac{1}{1 + \exp\left(-\dfrac{x^* - \mu_1}{\sigma}\right)} \tag{38.5}$$

$$p_{21} = \frac{1}{1 + \exp\left(-\dfrac{x^* - \mu_2}{\sigma}\right)} \tag{38.6}$$

という関係が成り立ち，ここで式(38.5)と式(38.6)を変形しx^*を消去すれば，

$$\log_e \frac{p_{11}p_{22}}{p_{12}p_{21}} = \frac{\mu_2 - \mu_1}{\sigma} \tag{38.7}$$

を得ます．これより対数オッズ比は，まさにシグナル$\mu_2 - \mu_1$とノイズσの比
になっていることがわかります．

Q.39★★★ 2値入出力系のSN比がSとNの比であることは理解しました. 同じ目的機能をもつ2つの2値入出力系で性能比較をするための有意差検定を教えてください.

A.39 2つの2値入出力系をA_1, A_2で表します. 系は, 真の状態(M_1：良品, M_2：不良品)という信号を受けて判定(y_1：良品, y_2：不良品)します. いま, A_i, M_jでy_kと判定される確率をp_{ijk}とし, この対数$\log_e p_{ijk}$に対して, 三元配置構造模型と同じ,

$$\log_e p_{ijk} = \mu + \alpha_i + \beta_j + \gamma_k + (\alpha\beta)_{ij} + (\alpha\gamma)_{ik} + (\beta\gamma)_{jk} + (\alpha\beta\gamma)_{ijk} \tag{39.1}$$

という構造を仮定します. ここで, 右辺の母数は添え字について和をとったら0になるという制約を置きます. 式(39.1)は対数線形モデルと呼ばれます.

するとA_iでの母オッズ比は,

$$\theta_i = \frac{p_{i11}p_{i22}}{p_{i12}p_{i21}} \tag{39.2}$$

と書けるので, その対数は上記制約より,

$$\log_e \theta_i = 4(\beta\gamma)_{11} + 4(\alpha\beta\gamma)_{11k} \tag{39.3}$$

となります. よって, 3因子交互作用項$(\alpha\beta\gamma)_{ijk}$が0ならば, 母オッズ比は添え字$i$に依らず, A_1とA_2で母オッズ比は等しいことになります. つまり, A_1とA_2で母オッズ比は等しいという帰無仮説$H_0 : \theta_1 = \theta_2$は, 三元分割表での対数線形モデルにおいて, 「すべてのi, j, kで$(\alpha\beta\gamma)_{ijk} = 0$」と表現されます.

三元分割表でのカイ2乗適合度検定統計量は, 帰無仮説のもとでの期待度数m_{ijk}と観測度数n_{ijk}により,

$$\chi^2 = \sum_i\sum_j\sum_k \frac{(n_{ijk} - m_{ijk})^2}{m_{ijk}} \tag{39.4}$$

と表現されます. この統計量は近似的にカイ2乗分布に従い, 自由度は対数線形モデルで0と置いた母数の数で, いまの場合は1です.

残る課題は帰無仮説のもとでの期待度数の算出です. これは閉じた形では表

現できず，IPF（Iterative Proportional Fitting）という反復計算が必要なことが知られています.

　周辺観測度数を，周辺和をとった添え字を＋に変えたn_{ij+}のように表します.期待度数も同様です.すると IPF は次のように記述されます（t ステップ目での期待度数の推定値を$m_{ijk}(t)$と表します）.

- 初期推定値の設定：すべての初期推定値$m_{ijk}(0)$を機械的に 1 と置きます.
- 推定値の更新：

$$m_{ijk}(t+1)=n_{ij+}\frac{m_{ijk}(t)}{m_{ij+}(t)} \tag{39.5}$$

$$m_{ijk}(t+2)=n_{i+k}\frac{m_{ijk}(t+1)}{m_{i+k}(t+1)} \tag{39.6}$$

$$m_{ijk}(t+3)=n_{+jk}\frac{m_{ijk}(t+2)}{m_{+jk}(t+2)} \tag{39.7}$$

　この IPF は必ず収束し，収束先は帰無仮説のもとでの最尤推定値になることが知られています[1].

Q.40★★★　2つの2値入出力系の性能比較をしたいのですが，特に不良品を多く用意するのが大変なので，2つの系に同じサンプルを用いようと思います.そうすると2枚の2元分割表が従属になってしまいます.どのように解析すればよいですか.

A.40 少し複雑になるので，数値例を用いながら説明していきます.

　正貨 100 個と偽貨 100 個を用意し，A_1, A_2の2つのユニットでそれぞれ判定

---

1)　この検定法は，以下の論文によって与えられました.
- 宮川雅巳（2003）：「2値入出力系の SN 比に関する有意差検定」，『品質』，33，[4]，pp.476-481.

させるとします. 結果は表 40.1 のような 2 枚の二元分割表にまとめられます.

このとき, A_1 と A_2 で同じ試料を用いているので, ご指摘とおり, $(74, 26)$ という度数と $(57, 43)$ という度数が独立でなくなります. この背後には, 表 40.2 に示すような A_1 と A_2 でどう反応したかを示す 2 枚の対応のある二元表があるはずです. ここで, M_1 は正貨, M_2 は偽貨で, 表中の度数は A_1 と A_2 でどう判定したかを表しています.

大きさ $n^{(k)}$ の M_k の試料のうち, 1 を判定結果の正貨, 2 を判定結果の偽貨として, $i, j = 1, 2$ に対して, A_1 で i と判定され, A_2 で j と判定された度数を $n_{ij}^{(k)}$ とします. また, M_k の試料で, A_1 で i と判定され, A_2 で j と判定される確率を $p_{ij}^{(k)}$ と表記します. すると, A_1 と A_2 での判別能力を表すオッズ比は, それぞれ

$$\theta_1 = \frac{p_{1+}^{(1)} p_{2+}^{(2)}}{p_{2+}^{(1)} p_{1+}^{(2)}} \tag{40.1}$$

$$\theta_2 = \frac{p_{+1}^{(1)} p_{+2}^{(2)}}{p_{+2}^{(1)} p_{+1}^{(2)}} \tag{40.2}$$

となります. 等オッズ比性の帰無仮説は $\mathrm{H}_0 : \theta_1 = \theta_2$ です. この帰無仮説のも

表 40.1　2 つのユニットでの貨幣判別データ

A_1		判定			A_2		判定		
		正貨	偽貨	計			正貨	偽貨	計
真	正貨	74	26	100	真	正貨	57	43	100
	偽貨	40	60	100		偽貨	5	95	100

表 40.2　対応のある二元表

M_1		A_2			M_2		A_2		
		正貨	偽貨	計			正貨	偽貨	計
A_1	正貨	51	23	74	A_1	正貨	3	37	40
	偽貨	6	20	26		偽貨	2	58	60
	計	57	43	100		計	5	95	100

とでの期待度数を $m_{ij}^{(k)}$ と記せば，カイ 2 乗適合度検定統計量は，

$$\chi^2=\sum_i\sum_j\sum_k\frac{(n_{ij}^{(k)}-m_{ij}^{(k)})^2}{m_{ij}^{(k)}} \tag{40.3}$$

となります．ここで問題は，$m_{ij}^{(k)}$ の求め方です．A.39 で紹介した IPF を用いて，オッズ比が等しくなるような周辺期待度数を求めると，表 **40.3** を得ます．

この結果として，対応のある期待度数表は次の表 **40.4** のようになります．M_1 と M_2 は別々に求めればよいので，上付き添え字 (k) は省略しています．

次に，表 **40.4** の x を求めます．帰無仮説のもとでの対数尤度は，

$$F=n_{11}\log_e x+n_{12}\log_e(m_{1+}-x)+n_{21}\log_e(m_{+1}-x)$$
$$+n_{22}\log_e(m_{2+}-m_{+1}+x)+C \tag{40.4}$$

となります．ここに C は x に依存しない定数です．これを最大化すべく x で微分して 0 と置けば，

$$\frac{d}{dx}F=\frac{n_{11}}{x}-\frac{n_{12}}{m_{1+}-x}-\frac{n_{21}}{m_{+1}-x}+\frac{n_{22}}{m_{2+}-m_{+1}+x}=0 \tag{40.5}$$

を得ます．これより x の 3 次方程式

$$n_{11}(m_{1+}-x)(m_{+1}-x)(m_{2+}-m_{+1}+x)-n_{12}x(m_{+1}-x)(m_{2+}-m_{+1}+x)$$

表 40.3　オッズ比が等しい周辺期待度数

A_1	正貨	偽貨	計	A_2	正貨	偽貨	計
正貨	80.33	19.67	100	正貨	50.67	49.33	100
偽貨	33.67	66.33	100	偽貨	11.33	88.67	100
計	114	86		計	62	138	

表 40.4　対応のある期待度数

		A_2		
		正貨	偽貨	
A_1	正貨	x	$m_{1+}-x$	m_{1+}
	偽貨	$m_{+1}-x$	$m_{2+}-m_{+1}+x$	m_{2+}
		m_{+1}	$m_{2+}+m_{1+}-m_{+1}$	

表40.5 対応のある二元表での期待度数

M_1		A_2			M_2		A_2		
		正貨	偽貨	計			正貨	偽貨	計
A_1	正貨	47.02	33.31	80.33	A_1	正貨	4.83	28.84	33.67
	偽貨	3.65	16.02	19.67		偽貨	6.50	59.83	66.33
	計	50.67	49.33	100		計	11.33	88.67	100

$$-n_{21}x(m_{1+}-x)(m_{2+}-m_{+1}+x)+n_{22}x(m_{1+}-x)(m_{+1}-x)=0 \quad (40.6)$$

を制約$0 \leq x \leq \min(m_{1+}, m_{+1})$, $0 \leq m_{2+}-m_{+1}+x$のもとで解けば，期待度数が求められます．この制約を満たす3次方程式の解はただ1つ存在します．これを求めた結果を表40.5に示します．

表40.2と表40.5より，式(40.3)のカイ2乗適合度検定統計量の値が定まり，$\chi^2 = 12.20$となり，これが自由度1のカイ2乗分布に従うことより，高度に有意となりました．

実は，2つのユニット間での度数に正の相関があるときには，2つのユニットに異なる試料を割り付けるよりも，同じ試料を割り付けたほうが検定の検出力が増すことがわかっています．ですから，安心して同じ試料を割り付けてください[2]．

Q.41★★★ 2値入出力系で度数でなく，計量値が観測されるときのSN比とその解析法を教えてください．

A.41 『実験計画法（下）』（田口玄一，丸善，1977年）の第24章には次のような例が載っています．

---

2) この結果は，以下の論文によって与えられました．
 • 宮川雅巳，田中瑛士(2005)：「従属な2×2分割表での等オッズ比性仮説に対する尤度比検定統計量と従属性の影響」，『品質』，35，[2]，pp.272-278.

　天然ウランには，U235 と U238 の 2 種類があります．両者を混合したもの
の中から，核分裂が起こる U235 だけを取り出すことが求められます．つまり，
U235 と U238 を区別して，前者を製品の中へ，後者をスラッグの中へ濃縮し
ます．この問題も 2 値入出力系ですが，観測値が質量という計量値であること
が特徴です．ウランを分離する方法が 2 種類あり，その性能比較をするのがこ
こでの課題です．データ例を表 41.1 に示します．単位は gr です．

　表 41.1 を三元表とみなせば，2 つの方法で分離能力に差があることは，3 因
子交互作用があることと等価になります．この場合，全平均と 3 つの主効果，
3 つの 2 因子交互作用と 3 因子交互作用を考えると，残差の自由度がなくなっ
てしまいます．ですから，2 つの方法の優劣を判定する統計的検定をするには，
繰り返しが必要になります．繰り返しといっても，試料を増やす必要はなく，
いまある試料を分割すればよいのです．田口先生は，度数データのときと同じ
標準 SN 比を求めて，両者を比較していますが検定は行っていません．

　検定は次のように行います．U235 を M_1，U235 を M_2，製品を y_1，スラッグ
を y_2 と表記すれば，$M_i y_j A_k$ での観測値を x_{ijk} として，割合を，

$$p_{ijk} = \frac{x_{ijk}}{x_{i1k} + x_{i2k}} \tag{41.1}$$

と定めます．ここで，p_{ijk} の分布にベータ分布を仮定します．p_{ijk} の期待値を μ_{ijk}
とし，これについてのリンク関数として次のロジット関数を用います．

$$\log_e \frac{\mu_{ijk}}{1 - \mu_{ijk}} = \mu + \alpha_i + \beta_j + (\alpha\beta)_{ij} \tag{41.2}$$

ここに，

$$\sum_i \alpha_i = \sum_j \beta_j = \sum_i (\alpha\beta)_{ij} = \sum_j (\alpha\beta)_{ij} = 0 \tag{41.3}$$

表 41.1　天然ウランの分離データ

A_1	製品	スラッグ	計	A_2	製品	スラッグ	計
U235	1025	3975	5000	U235	1018	3782	4800
U238	38975	156025	195000	U238	28982	156218	185200

です．すると，2つの方法で判定能力に差がないとする帰無仮説は式(41.2)の右辺の母数を用いて，

　　・任意のi, jに対して，$(\alpha\beta)_{ij}=0$　　　　　　　　　　　　(41.4)

と書けます．これより，帰無仮説と対立仮説のもとで，それぞれ求めたベータ分布の最尤推定値より尤度比検定統計量が導出され，その分布は近似的に自由度1のカイ2乗分布になります[3]．

Q.42★★　比例式モデルでの平方和$S_{N\times\beta}$の意味がよくわかりません．

A.42 回帰分析では，**図42.1**のような散布図が得られると，誤差の不等分散性が見られるため，通常の最小2乗法でなく，重み付き最小2乗法の使用が勧められています．

　タグチメソッドは，**図42.1**のような不等分散性を説明する，より実質的なモデルを提供しました．それは原点比例式$y=\beta x+\varepsilon$で，傾きβが変動するというモデルです．

　誤差因子をN，信号因子をMとしたとき，N_iM_jでの特性値y_{ij}に対して，

$$y_{ij}=\beta_iM_j+\varepsilon_{ij}\qquad(42.1)$$

という構造模型を考えます．この構造は**図42.2**で説明されます．

　y_{ij}に関する変動の分解を見ていきましょう．まず，全2乗和として，総平均を引かない

$$S_T=\sum_{i=1}^{r}\sum_{j=1}^{n}y_{ij}^2\qquad(42.2)$$

を定義します．このS_Tは次の3つの成分に分解されます．

$$S_T=S_\beta+S_{N+\beta}+S_E\qquad(42.3)$$

　右辺の中身を一つひとつ見ていきましょう．S_βは，yを目的変数，Mを説明

3）　この検定法は，以下の論文で提案されました．
　・小茂田岳広，宮川雅巳(2019)：「2値入力出力系で計量値を観測する場合の系間の性能比較に関する有意差検定」，『品質』，49，[3]，pp.259-265.

図 42.1　誤差の不等分散性が顕著な散布図

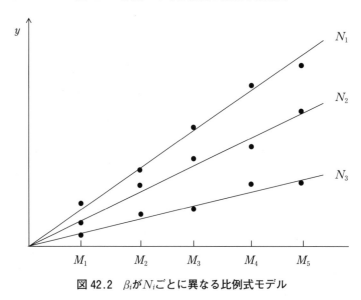

図 42.2　β_i が N_i ごとに異なる比例式モデル

変数とし，N を繰り返しとして全部で rn 組のデータに一つの比例式モデルを当てはめたときの回帰変動です．そのときの共通の β の最小 2 乗推定値は，残

差平方和

$$S=\sum_{i=1}^{r}\sum_{j=1}^{n}(y_{ij}-\beta M_j)^2 \tag{42.4}$$

を最小にする β として定まり,

$$\hat{\beta}=\frac{\sum_{i=1}^{r}\sum_{j=1}^{n}y_{ij}M_j}{r\sum_{j=1}^{n}M_j^2} \tag{42.5}$$

で与えられます. 回帰変動はこの最小2乗推定値 $\hat{\beta}$ をもとに,

$$S_{\beta}=\hat{\beta}^2 r\sum_{j=1}^{n}M_j^2 \tag{42.6}$$

と求められます. 自由度は1です.

　次に $S_{N\times\beta}$ です. この $N\times\beta$ という概念が比例式モデルの真髄なのです. 今度は誤差因子の水準ごとに別々な比例式モデルを当てはめます. $\hat{N}_i$ での β_i の最小2乗推定値は,

$$\hat{\beta}_i=\frac{\sum_{j=1}^{n}y_{ij}M_j}{\sum_{j=1}^{n}M_j^2} \tag{42.7}$$

となります. これより, N による傾きの変動を,

$$S_{N\times\beta}=\sum_{i=1}^{r}\sum_{j=1}^{n}M_j^2\left(\hat{\beta}_i-\hat{\beta}\right)^2 \tag{42.8}$$

と定めます. 実際, この $S_{N\times\beta}$ は, N の各水準で β が共通としたときの原点回帰式の残差変動から, β が異なるという原点回帰式の残差変動を引いた量であり, 合理的な変動成分です.

　最後に残差平方和 S_E ですが, これは,

$$S_E=\sum_{i=1}^{r}\sum_{j=1}^{n}(y_{ij}-\hat{\beta}_i M_j)^2 \tag{42.9}$$

で与えられます. これについては A.44 を見てください.

Q.43★　比例式モデルで SN 比を計算しようとしましたが，データをプロットすると図 43.1 のように共通の非比例性が見られました．この非比例性は理論的にも妥当なものです．このような場合どうしたらよいですか．

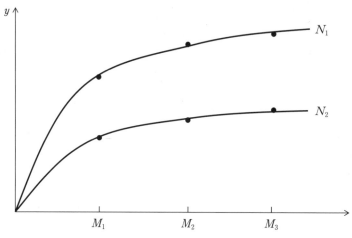

図 43.1　共通の非比例性の見られるデータ

A.43 例えば，高速応答弁の特性の一つに「圧力—流量特性」があります．これは応答弁の基本的な機能を表す関係式が，

$$(流量) = (定数) \times (duty 比) \times \sqrt{(圧力差)} \tag{43.1}$$

であるので，(duty 比)を一定にしたときに(流量)と$\sqrt{(圧力差)}$がどの程度比例関係にあるかを示すものです．このとき，誤差因子として入力電圧を 2 水準設定したとすると，圧力差を信号にしたとき，ご指摘どおりの非線形なデータが得られると思います．

　しかし，この問題の解決は実に簡単です．初めから$\sqrt{(圧力差)}$を信号にすればよいのです．圧力差の平方根に対して信号を 3 水準，

　　• $M_1 : 4$　　　$M_2 : 8$　　　$M_3 : 12$

と等間隔にとればよいのです．これで比例式モデルが当てはまることになります．

Q.44★★★ 比例式モデルで解析しようと，データをプロットしたところ，図 44.1 のように非比例性が見られ，しかもその非比例性が誤差因子の水準間で異なる結果を得ました．どのような解析をすればよいですか．

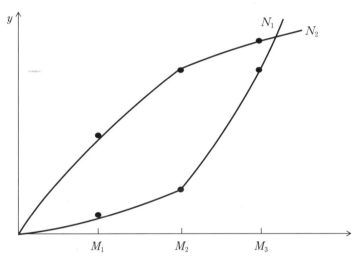

図44.1 非比例性が N の水準間で異なるデータ

A.44 比例式モデルでは全2乗和を，

$$S_T = S_\beta + S_{N \times \beta} + S_E \tag{44.1}$$

と分解します．このとき，S_E には，共通の非比例性を表す成分と，非比例性の違いによる成分が混在しています．これを分離するには次のようにすればよいです．S_E を次のように分解します．

$$S_E=\sum_{i=1}^{r}\sum_{j=1}^{n}\Big[\Big\{\big(y_{ij}-\widehat{\beta}_iM_j\big)-\big(\bar{y}_j-\widehat{\beta}M_j\big)\Big\}+\big(\bar{y}_j-\widehat{\beta}M_j\big)\Big]^2$$

$$=\sum_{i=1}^{r}\sum_{j=1}^{n}\Big\{\big(y_{ij}-\widehat{\beta}_iM_j\big)-\big(\bar{y}_j-\widehat{\beta}M_j\big)\Big\}^2+r\sum_{j=1}^{n}\big(\bar{y}_j-\widehat{\beta}M_j\big)^2 \qquad (44.2)$$

ここに，$\bar{y}_j$はM_jでのR個のy_{ij}の平均値です．この式の右辺第2項は，Mの水準間での傾きの違いを表しているので，非比例変動$S_{M\times\beta}$と呼ぶことにします．実際，この変動は，

$$S_{M\times\beta}=r\sum_{j=1}^{n}\Big(\bar{y}_j-\widehat{\beta}M_j\Big)^2$$

$$=r\sum_{j=1}^{n}M_j^2\Big(\frac{\bar{y}_j}{M_j}-\widehat{\beta}\Big)^2 \qquad (44.3)$$

と変形され，$\bar{y}_j/M_j$が水準M_jでの原点からの傾きであることから理解されると思います．この自由度は$n-1$です（nはMの水準数）．そもそも非比例性とは，原点からの傾きがMの水準間で異なることです．よって，この$M\times\beta$がNの水準間で共通の非比例効果を表しています．

　次に，式(44.2)右辺第1項について考えます．水準N_iでの非比例性は，N_iでの比例回帰式での残差を要素にするベクトル

$$(y_{i1}-\widehat{\beta}_iM_1,\ y_{i2}-\widehat{\beta}_iM_2,\ \cdots,\ y_{in}-\widehat{\beta}_iM_n)$$

で記述されます．一方，全体での非比例性は，$S_{M\times\beta}$の中身である，

$$(\bar{y}_1-\widehat{\beta}M_1,\ \bar{y}_2-\widehat{\beta}M_2,\ \cdots,\ \bar{y}_n-\widehat{\beta}M_n)$$

というベクトルで記述されます．この2つのベクトルのユークリッド距離の2乗を誤差因子の水準について加えた量が第1項で，非比例性のN間での違いを表しています．そこで第1項を$S_{N\times M\times\beta}$と記すことにします．すなわち，

$$S_{N\times M\times\beta}=\sum_{i=1}^{r}\sum_{j=1}^{n}\Big\{\big(y_{ij}-\widehat{\beta}_iM_j\big)-\big(\bar{y}_j-\widehat{\beta}M_j\big)\Big\}^2 \qquad (44.4)$$

で，自由度は$(r-1)(n-1)$です．これより全2乗和は以下に分解されます[4]．

$$S_T=S_\beta+S_{N\times\beta}+S_{M\times\beta}+S_{N\times M\times\beta} \qquad (44.5)$$

Q.45★ 望小特性の SN 比と望大特性の SN 比はそれぞれ何を推定しているのでしょうか.

A.45 望小特性の標本 SN 比は,

$$\gamma = -10\log_{10}\left(\frac{\sum_{i=1}^{n} y_i^2}{n}\right) \tag{45.1}$$

で与えられます. 値が大きくなるほうがよいのでマイナスをつけます. この統計量は実現値 y と理想値 0 との偏差平方がもとになっており, このとき,

$$E\left\{\left(\sum_{i=1}^{n} y_i^2\right)\Big/ n\right\} = \mu^2 + \sigma^2 \tag{45.2}$$

なので,

$$\eta = \mu^2 + \sigma^2 \tag{45.3}$$

が母 SN 比で, これを推定しているとみなせます. S と N の比になっていませんが, それは気にせず使いましょう.

一方, 望大特性の標本 SN 比は,

$$\gamma = -10\log_{10}\left\{\sum_{i=1}^{n} \frac{(1/y_i^2)}{n}\right\} \tag{45.4}$$

で与えられます. y が望大特性であれば, その逆数 $1/y$ は望小特性になるので, 望小特性の場合に帰着します.

ただし, $1/y^2$ の期待値は μ と σ だけからでは一意に定まらず, 分布形に依存します. 正規分布を仮定すると,

$$E\left\{\frac{\left(\sum_{i=1}^{n} 1/y_i^2\right)}{n}\right\} = \infty \tag{45.5}$$

---

4) この分解は, 以下の論文で提案されました.
• 宮川雅巳, 勝浦淳二(1995):「信号因子と誤差因子からなる二元配置データの比例式に基づく2乗和の分解」,『品質』, 25, [1], pp.85-93.

となるので，何を推定しているのかわかりません．この点から望大特性の SN
比はあまり勧められません．生データに対して通常の分散分析をするのがよい
と思います．

Q.46★★ 望小特性や望大特性では，標本 SN 比に対する分散
分析と生データに対する分散分析のどちらがよいのですか．

A.46 例を使って説明します．軸受に使われるシールのグリース漏れに関し
て次のような実験を計画しました．
　軸受の制御因子として，
- A：リップ厚さ
- B：シール干渉量

を取り上げました．ともに計量因子で等間隔に 3 水準設定しました．一方，軸
受が使われる使用環境を反映する誤差因子として，
- G：速度
- H：荷重

をそれぞれ 3 水準設定しました．特性値はグリース漏れ率（%）で，試験前後の
軸受の重量差を初期グリース封入量で割って求めています．望小特性です．
　実験条件は全部で $3 \times 3 \times 3 \times 3 = 81$ 通りありますが，制御因子の水準組
合せで規定される 9 通りの設計条件でシールを一つずつ作成し，それらをそれ
ぞれ 9 通りの使用条件で試験しました．グリース漏れ率の測定は非破壊測定で
す．試験機は 1 台しかないので，制御因子が規定する 9 種のシールの試験順序
は無作為化しました．
　これに対して，使用条件側は，最大速度と最大荷重という厳しい条件で試験
をするとシールが破損する恐れがあるので，無作為化はせずに緩い条件から
徐々に厳しい条件にするという計画にしました．誤差因子は主効果を厳密に推
定する必要がないので，誤差因子の無作為化は不可欠ではありません．幸い，
シールの破損はなく，すべての条件で特性値が計測されました．

実験データを表 46.1 に示します.

実験特性値のグリース漏れ率は,非負の値をとり,0 が理想の望小特性なので,G と H からなる 9 通りの処理条件を繰り返しとみなして,望小特性の標本 SN 比を求め(表 46.2 に示します),これに対して制御因子についての分散分析表(表 46.3 に示します)を作成しました.

一方,この実験データを 4 因子分割実験としてオーソドックスに分散分析したのが表 46.4 です.また,制御因子と誤差因子の交互作用をグラフ化したのが図 46.1 です.

標本 SN 比に対する分散分析表を見ると,因子 A が 5% 有意です.その効果を図 46.1 で確認すると,$A \times G$ で理想的な交互作用が出ています.明らかに A_2 が良いです.しかし,生データに対する分散分析表を見ると,$A \times G$ は p 値が 0.07 で 5% 有意ではありません.その代わりに,制御因子の水準間で明確な優劣関係のつかない $A \times H$ と $B \times H$ が 5% 有意になっています.

実は,$A \times G$ のようなパラメータ設計において理想的な交互作用は,交互作用の大きさとしては弱いのです.したがって,5% 有意になりません.一方,標本 SN 比に対する検定では見事に検出されています.

表 46.1　グリース漏れに関する実験データ

		G_1			G_2			G_3		
		H_1	H_2	H_3	H_1	H_2	H_3	H_1	H_2	H_3
A_1	B_1	6.57	0.09	0.92	7.40	1.51	2.64	9.63	1.68	0.76
	B_2	0.42	0.18	0.42	0.55	1.33	1.71	8.31	0.29	2.72
	B_3	1.56	0.19	0.00	2.95	1.34	0.85	5.87	2.14	1.04
A_2	B_1	0.13	0.00	1.58	0.29	1.99	0.66	0.65	1.14	0.66
	B_2	0.10	0.00	0.48	0.19	0.09	1.22	0.54	0.86	1.28
	B_3	0.29	0.65	0.98	0.47	0.09	1.30	1.19	0.93	0.67
A_3	B_1	0.23	0.28	0.75	0.65	0.28	2.11	0.92	0.76	1.44
	B_2	0.47	0.57	0.38	0.47	0.00	0.85	1.78	0.09	7.10
	B_3	0.27	0.00	0.95	0.55	0.66	0.85	1.03	0.92	2.25

表 46.2　制御因子の水準組合せにおける標本 SN 比の値

	B_1	B_2	B_3
A_1	-13.56	-9.59	-7.77
A_2	-0.07	3.07	1.68
A_3	-0.07	-7.88	-0.19

表 46.3　標本 SN 比に対する分散分布表

要因	平方和	自由度	平均平方	F 比	p 値
A	216.74	2	108.37	8.84	0.034
B	13.50	2	6.76	0.55	0.615
E	49.03	4	12.26	—	—

表 46.4　表 44.1 のデータに対する分散分析表

要因	平方和	自由度	平均平方	F 比	p 値
A	42.15	2	21.08	6.607	0.06
B	5.09	2	2.55	0.773	0.54
$E_{(1)}$	13.90	4	3.47	3.783	0.02
G	27.00	2	13.50	14.702	0.00
$A \times G$	9.89	4	2.47	2.693	0.07
$B \times G$	8.80	4	2.20	2.397	0.09
$A \times B \times G$	2.45	8	0.31	0.334	0.94
H	23.24	2	11.62	12.655	0.00
$A \times H$	70.85	4	17.71	19.290	0.00
$B \times H$	11.74	4	2.94	3.197	0.04
$A \times B \times H$	19.46	8	2.43	2.649	0.05
$G \times H$	7.78	4	1.95	2.119	0.13
$A \times G \times H$	22.39	8	2.80	3.048	0.03
$B \times G \times H$	9.57	8	1.20	1.303	0.31
$E_{(2)}$	14.69	16	0.92	—	—

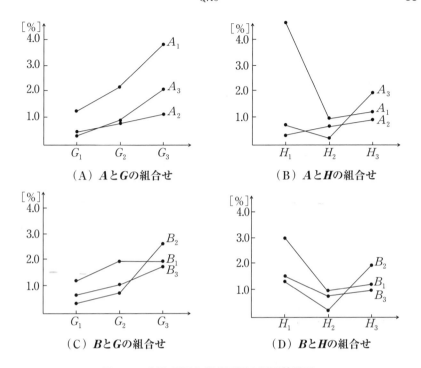

図46.1　制御因子と誤差因子の要因効果図

いま，交互作用に関する帰無仮説を，

　H$_0$：A と G の間に交互作用がない

としたとき，対立仮説 H$_1$ を H$_0$ の単なる否定でなく，

　H$_1$：A と G の間に A の水準間で優劣関係のある交互作用がある

としたときの検定を考えます．このような対立仮説を傾向のある対立仮説といい，それに対する検定を指向性検定と呼びます．指向性検定では，この限定した対立仮説に対して高い検出力をもつ検定統計量が望まれます．そして，標本SN 比に対する検定はまさにこの指向性検定になっています．したがって，通常の分散分析よりも高い検出力をもちます．

　もちろん，標本SN 比に関する検定だけでは，どのような制御因子と誤差因子の交互作用があるのかわかりませんから，生データに対する分散分析を併用

するのがよいと思います.

Q.47★ 「Fisher 流実験計画法がばらつき削減のための実験には不向きだ」という理由を教えてください.

A.47 品質特性の大部分は両側に規格をもつ望目特性です. 望目特性ではばらつき削減が課題です. これに対して Fisher 流実験計画法では平均の最大化あるいは最小化を目指します. 平均値の差を効率的に求めるための Fisher 流実験計画法をばらつき低減の研究に用いると, どうしても無理が生じてきます.

　例えば, 望目特性を実験特性にした 1 因子実験をして, **図 47.1** のようなデータが得られたとします. 縦軸に特性の上側規格と下側規格を記入しています. 水準平均が目標値に最も近いのは A_3 ですが, そこでの繰り返し変動が大きいので, この条件で量産すれば規格外れが多発します. A_3 でのばらつきを

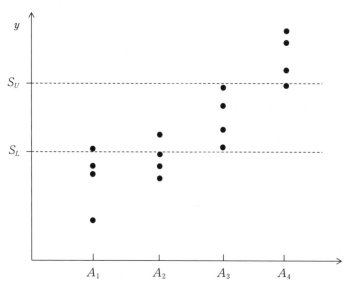

図 47.1　望目特性に対する 1 因子実験のデータ (例)

下げる対策が望まれます．しかし，水準間の等分散性を仮定する分散分析では，ばらつきの小さい条件を見出そうとする発想がもともとないのです．

Q.48★★★ 信号因子の値が未知のときの SN 比について教えてください．できれば検定方法も知りたいです．

A.48 例えば2種類の家庭用血圧計 A_1，A_2 の性能比較をするため，次のような実験をしたとします．全部で10人の被験者を用意し，これを無作為に5人ずつに分けて，2種類の血圧計に割り付けます．最高血圧を特性値にします．それぞれ1日3回血圧を計測すると，表 48.1 のようなデータが得られます．ここで，被験者が信号因子 M で，測定時点が誤差因子 N です．

このデータの特徴は，信号因子の真値が未知なことです．ですから，信号因子は名義尺度とみなすしかありません．A_1 と A_2 のそれぞれで M と N の二元配置データが得られているわけですが，これを，

$$S_T = S_M + S_N + S_E \tag{48.1}$$

と平方和の分解をします．このとき，標本 SN 比は，

$$\gamma = 10 \log_{10} \left\{ \frac{(V_M - V_E)/r}{V_N} \right\} \tag{48.2}$$

と定義されます．ここに r は誤差因子 N の水準数です．この SN 比を使って，A_1 と A_2 の比較が行えます．これこそが計測の SN 比の真骨頂です．

表 48.1　血圧計の比較データ

A_1	N_1	N_2	N_3	A_2	N_1	N_2	N_3
M_1	116	119	105	M_1	189	190	208
M_2	140	152	148	M_2	118	108	135
M_3	208	209	195	M_3	98	105	82
M_4	132	141	138	M_4	145	158	171
M_5	88	92	89	M_5	152	161	149

　次に検定について述べます．ここで誤差因子を繰り返しとみなして，A_1での繰り返し誤差分散をσ_1^2とします．同様にA_2での繰り返し誤差分散をσ_2^2とします．血圧計の場合，1 日 3 回の測定を繰り返しとみなすことは，それほど不自然ではないでしょう．

　このとき，平均平方の比 $F = V_M/V_N$は自由度$\phi_1 = n-1$，$\phi_2 = r-1$，非心度

$$\lambda = \frac{r\sum_{i=1}^{n}(\mu_i - \mu)^2}{\sigma^2} \tag{48.3}$$

の非心 F 分布に従います．ここにnは信号因子の水準数，rは誤差因子の水準数，μ_iはM_iでの平均，μ は$\mu_1, \mu_2, \cdots, \mu_n$の平均です．よって，等 SN 比性の検定は等非心度性の検定に帰着します．この検定の帰無仮説は，$H_0: \lambda_1 = \lambda_2$です．

　ここで，$F = V_M/V_N$に対して，次の分散安定化変換を施します．

$$g(F) = \log\left(F + \frac{\phi_2}{\phi_1} + \sqrt{F^2 + 2\frac{\phi_2}{\phi_1}F}\right) \tag{48.4}$$

この変換は三輪の変換[5] と呼ばれます．この$g(F)$は近似的に平均が，

$$g\left(\frac{\phi_1 + \lambda}{\phi_1}\right) + \frac{3}{3\phi_2 - 1} \tag{48.5}$$

で，分散が$2/(\phi_2 - 1)$ の正規分布に従います．よって，検定統計量を$g(F_1) - g(F_2)$とすると，この分布は帰無仮説のもとで，平均 0，分散$4/(\phi_2 - 1)$の正規分布に従いますので，これで検定ができます．

---

5)　この変換は，以下の論文で提案されました．
　・三輪哲久(1994)：「非心 F 分布の等分散化変換」，『応用統計学会第 18 回シンポジウム講演予稿集』，pp.81-85.

第3章

直交表

直交表が効率的な割付けになっていることは理解しました．もっと効率的な割付けはないのですか．

A.49 4つの品物の重さを天秤で測定する問題を考えましょう．真値を M_1, M_2, M_3, M_4 とし，4回の測定を行います．毎回すべての品物を天秤のどちらかに載せ，「品物を天秤の右側に載せたときは＋，左側に載せたときは－」「釣り合わせる分銅 y は，左側が正値，右側が負値」とし，次の4回を考えます．

$$y_1 = M_1 + M_2 + M_3 + M_4 + \varepsilon_1$$
$$y_2 = M_1 + M_2 - M_3 - M_4 + \varepsilon_2$$
$$y_3 = M_1 - M_2 + M_3 - M_4 + \varepsilon_3 \tag{49.1}$$
$$y_4 = M_1 - M_2 - M_3 + M_4 + \varepsilon_4$$

このとき最小2乗推定値は，

$$\widehat{M_1} = (y_1 + y_2 + y_3 + y_4)/4$$
$$\widehat{M_2} = (y_1 + y_2 - y_3 - y_4)/4$$
$$\widehat{M_3} = (y_1 - y_2 + y_3 - y_4)/4 \tag{49.2}$$
$$\widehat{M_4} = (y_1 - y_2 - y_3 + y_4)/4$$

です. 誤差 ε の分散を σ^2 とすれば, これらの推定値の分散はいずれも $\sigma^2/4$ です. この測定をベクトルと行列で表すと,

$$
\begin{pmatrix} y_1 \\ y_2 \\ y_3 \\ y_4 \end{pmatrix} = \begin{pmatrix} 1 & 1 & 1 & 1 \\ 1 & 1 & -1 & -1 \\ 1 & -1 & 1 & -1 \\ 1 & -1 & -1 & 1 \end{pmatrix} \begin{pmatrix} M_1 \\ M_2 \\ M_3 \\ M_4 \end{pmatrix} + \begin{pmatrix} \varepsilon_1 \\ \varepsilon_2 \\ \varepsilon_3 \\ \varepsilon_4 \end{pmatrix} \tag{49.3}
$$

となります. ここで右辺の行列,

$$
X = \begin{pmatrix} 1 & 1 & 1 & 1 \\ 1 & 1 & -1 & -1 \\ 1 & -1 & 1 & -1 \\ 1 & -1 & -1 & 1 \end{pmatrix} \tag{49.4}
$$

を計画行列と呼びます. この行列 X の特徴は,

- すべての要素は 1 または -1 である.
- 各列ベクトルは互いに直交している.

です. この性質をもった正方行列をアダマール行列と呼びます.

　実は, 4 回の測定で上述の方法より優れたものは存在しません. それを示したのがホテリングの定理[1] として知られるものです. 一般に, p 個の品物について n 回の測定を行うとして, 各測定での誤差 ε_i は互いに独立に平均 0, 分散 σ^2 をもつとします.

　いま, 行列 X から第 1 列を除いて, -1 を 2 に置き換えると, 直交表 L_4 を得ます. ホテリングの定理より, 8 個の品物を 8 回の測定で最適に推定するには, 8 次のアダマール行列を使えばよいことになりますが, 同様にそれから第 1 列を除き, -1 を 2 に置き換えれば, 直交表 L_8 を得ます. L_{12}, L_{16} も同様です. これで直交表実験の最適性が保証されたことになります. ただし, これは交互

---

1) この内容は以下のとおりです.
   - 任意の $j = 1, 2, \cdots, p$ について, $V(\widehat{M}_j) \geq \sigma^2/n$ である.
   - ある j について $V(\widehat{M}_j) = \sigma^2/n$ となる必要十分条件は, 「計画行列 X の要素が 1 または -1 で, かつ, X の任意の 2 列が直交していること」である.

作用がないときの話です.

Q.50★★ L_{18}の列の自由度の総和は 15 です. 実験回数は 18 で すから,総自由度は 17 になると思います. 残り自由度 2 はど うしたのですか.

A.50 直交表 L_{18} を明示したのは,1952 年の Bose と Bush の論文です. そこ では,7 つの 3 水準列とすべて直交する第 8 番目の 3 水準列が存在しないこと の証明にかなりの紙面を費やしています. しかし,第 1 列の 2 水準列を加える ことで話は簡単になります.

第 1 列と第 2 列を組み合わせて,6 水準列を作ると,この 6 水準列は第 3 列 から第 8 列までとすべて直交していることが即座に読み取れます. この 6 水準 列の因子の要因効果は,他の因子の主効果と交絡することなく推定できます. ということは,6 水準列のもとになった 2 水準列と 3 水準列の交互作用が推定 可能であることを意味します. 列の自由度計算で見つからなかった自由度 2 は ここに隠れていたのです.

Q.51★★ タグチメソッドでは,直交表に交互作用を割り付け るのは無駄だとしていますが,この理由がよくわかりません.

A.51 対策選定の実験では直交表に制御因子を割り付けます. 制御因子は最 適な条件を選定できる因子であり,選定しなければならない因子です. 最適条 件は実験で設定した水準である必要はなく,量的因子であれば多少の内挿や外 挿は許されます. よって,制御因子については,解析特性(パラメータ設計で は標本 SN 比)についての要因効果の関数形についての情報が欲しいのです. そのためには,水準数は最低でも 3 水準必要です. 最もシンプルな要因効果は

1次効果ですが，1次であることを確認するには1つの自由度を残した3水準でなければなりません．よって，制御因子を割り付ける直交表は3水準系が標準となります．

3^k型にはL_9, L_{27}, L_{81}があります．L_9のもとになった3次のグレコラテン方格は，もともと長方形の農事試験場を縦横3つずつ分けて計9個のプロットを構成し，農作物の品種と肥料の種類という2つの比較対象の因子を割り付けるために考案されたものです．つまり，2つの制御因子の水準比較を精度よく行うためのもので，そこに3つあるいは4つの制御因子を割り付けるのにはもともと無理があります．この性質はL_{27}も引きずっています．L_{27}では実質的に価値あるレゾリューションIV（A.52を参照）が存在しません．

3水準列が2つ以上ある3水準系直交表の行数は9の倍数でなければなりません．L_9が制御因子を割り付ける直交表の機能を果たさないとすれば，18行というのはギリギリの数です．L_{18}は，「交互作用は求めないものの，交互作用が主効果の推定にバイアスを与えるのを避けたい」というレゾリューションIVの配置を近似的に実現するものになっています．

では，交互作用を積極的に求めるという立場をとったときはどうでしょう．直交表に誤差要因を割り付ける原因究明の実験では，交互作用の割付けに意味があります．予期せぬ不具合は誤差要因の組合せで発生することが少なくないからです．しかし，制御因子の場合は話が違います．制御因子については上述のように要因効果の関数形，パターンに興味があり，それが技術的ノウハウになります．制御因子間の交互作用についても，そのパターンを知ることが大事です．そのための解析は，少数の自由度をもつ単純な構造を見出すことです．

例えば，2つの量的因子間の1次×1次という自由度1の交互作用は単純な構造です．これを求めるには，あらかじめ比較的自由度の大きい交互作用を観測し，そこから主成分分析などを使って単純な構造を抽出する（A.100を参照）という流れになります．しかし，2^k型直交表に割り付けられる交互作用の自由度はもともと1なので，それ以上の縮約はできません．つまり，交互作用解析自体が存在しないのです．

このように考えてくると，直交表実験で交互作用を割り付けることはムダだという結論になります．制御因子間の交互作用を求めるならば，別な配置が必要です．組合せ配置はそのための基本的な配置です．また，他の制御因子との交互作用を求めたい制御因子があるとき，それを直交表の外側に割り付けるというのも効率的な方法です．

Q.52★ 直交表に交互作用を割り付けるのは無駄だということは理解しました．それでも交互作用が主効果に交絡するのは避けたいと思います．それにはどんな割付けがよいのですか．

A.52 レゾリューションⅣの割付けをしてください．これにより2因子交互作用が主効果に交絡することはなくなります．2^k型直交表の場合，「後半列に割り付ける」「奇数列に割り付ける」のどちらかを用いれば，レゾリューションⅣの割付けになります．

2^k型直交表の場合，列番を2進数で表したとき，繰り上がりのない足し算をした列に交互作用が現れます[2]．ですから，奇数列と奇数列の交互作用は偶数列に出るのです．

Q.53★★ 3水準因子間の任意の2因子交互作用は，ab系とab^2系に分解されると聞きました．この分解の仕方を教えてください．

---

2) 例えば以下のとおりです．

	5列	1	0	1
+	3列	0	1	1
	6列	1	1	0

A.53 ab 系交互作用と ab^2 系交互作用とは表 53.1 に示すものです．L_9 の第1列と第2列に因子を割り付けると，第3列に ab 系，第4列に ab^2 系が現れます．

表 53.1　ab 系交互作用と ab^2 系交互作用

(1) ab 系交互作用

	B_1	B_2	B_3
A_1	$(\alpha\beta)_1$	$(\alpha\beta)_2$	$(\alpha\beta)_3$
A_2	$(\alpha\beta)_2$	$(\alpha\beta)_3$	$(\alpha\beta)_1$
A_3	$(\alpha\beta)_3$	$(\alpha\beta)_1$	$(\alpha\beta)_2$

(2) ab^2 系交互作用

	B_1	B_2	B_3
A_1	$(\alpha\beta)_1$	$(\alpha\beta)_2$	$(\alpha\beta)_3$
A_2	$(\alpha\beta)_3$	$(\alpha\beta)_1$	$(\alpha\beta)_2$
A_3	$(\alpha\beta)_2$	$(\alpha\beta)_3$	$(\alpha\beta)_1$

いま，2因子交互作用が式(53.1)の左辺で与えられるとします．この交互作用は右辺に示す ab 系と ab^2 系に分解されます．

$$\begin{pmatrix} 5 & -4 & -1 \\ -6 & 6 & 0 \\ 1 & -2 & 1 \end{pmatrix} = \begin{pmatrix} 1 & -3 & 2 \\ -3 & 2 & 1 \\ 2 & 1 & -3 \end{pmatrix} + \begin{pmatrix} 4 & -1 & -3 \\ -3 & 4 & -1 \\ -1 & -3 & 4 \end{pmatrix} \quad (53.1)$$

この分解は次のようにやればよいです．まず，ab 系の $(\alpha\beta)_1$ に相当する$(1, 1)$要素，$(2, 3)$要素，$(3, 2)$要素を加えます($5 + 0 - 2 = 3$)．これを3で割って平均した1が右辺第1項の$(\alpha\beta)_1$にきます．成分 $(\alpha\beta)_2$についても同様で，$-4 - 6 + 1 = -9$を3で割った-3が$(\alpha\beta)_2$の箇所にきます．ab^2系についても同様です．

Q.54★ 実験計画法セミナーで，直交表実験は大網を張る実験だと習いました．パラメータ設計でも同じように考えてよいのですか．

A.54 パラメータ設計では，直交表実験は大網を張るスクリーニング実験でなく，詰めの実験になります．後続するのは最適条件での確認実験のみです．ですから，直交表実験に先立ち，制御因子や誤差因子の効果を調べる1因子実

験を十分にやっておく必要があります.

Q.55★ 組立品の不良部品を同定するための直交表実験はどうやるのですか.

A.55 『実験計画法（下）』（田口玄一, 丸善, 1977 年）の第 25 章に載っています.
L_{16}を使った場合で説明します.

まず, 正常品と不具合品をそれぞれ 16 個ずつ用意します. 正常品も不具合品も分解して適切な部品レベルにします. ここでは 10 個の部品に分解されたとします. 各因子の水準を,

- 第 1 水準：正常品の部品
- 第 2 水準：不具合品の部品

とします. 部品が 10 個なので L_{16}に割り付けます. 各水準は 8 回ずつ設定されるので, 各条件で 2 回の繰り返しを入れます.

実験データの解析は通常の L_{16}実験と同じです. 有意となった部品が犯人というわけです.

Q.56★ Q.55 と同じ状況で, シャイニンメソッドという方法があると聞きました. どんな方法ですか.

A.56 Dorian Shainin（1914〜2000 年）は, 米国の品質コンサルタントであり, さまざまな手法を提案しました. ここでは, 不良部品の同定法である部品探索法を紹介します.

製品である組立品は分解して再度組み立て直すことが可能とします. あらかじめ再組み立て可能に設計しておくことが肝要です. このとき, 部品としてどのようなレベルのユニットにするかは重要な課題です. ネジ 1 本, コード 1 本

のレベルに分解しては，その数が膨大になります．10 くらいのオーダーにま
とめるのがよいようです．

　部品探索法のアイデアは実に単純です．**図 56.1** に示すように，正常品と不
具合品を 1 個ずつ用意して，部品に番号 1, 2, …, m を付けます．そして，順
番に一つの部品を正常品と不具合品の間で交換し，そのときの二つの製品の性
能を調べます．仮に i 番目の部品を交換したとき，不具合品の部品 i を搭載した
正常品が市場のトラブルを再現し，正常品の部品 i を搭載した不具合品が正常
に動作したならば，犯人は部品 i だと断定してよいでしょう．

　部品探索法は次の手順からなります．

（手順 1）　段取り試行

　初めに再組立したときの再現性をチェックします．性能を表現する量的特性
として望大特性か望小特性を用意します．OK，NG の 2 値判定ではだめで，
望目特性もよくありません．用意した一つの正常品と一つの不具合品のそれぞ
れを，検討対象レベルの部品に分解して組み立て直します．

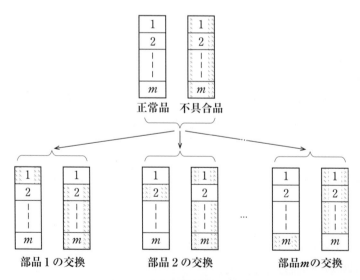

図 56.1　部品探索法のアイデア

これをn回繰り返します．特性は望大特性とします．するとデータとして，

- 正常品：$y_{11}, y_{12}, \cdots, y_{1n}$
- 不具合品：$y_{21}, y_{22}, \cdots, y_{2n}$

を得ます．これらの値が正常品と不具合品の間で顕著に異なっていることが求められます．

ところで，シャイニンメソッドのデータ解析法というのは，非常に古典的というか手計算を念頭に置いたような感じで，かなり時代錯誤的という印象を拭えません．段取り試行においては，正常品でのメディアンM_1と不具合品のメディアンM_2，および正常品での範囲R_1と不具合品での範囲R_2を求め，

$$D_M = |M_1 - M_2| \tag{56.1}$$

$$\overline{R} = \frac{R_1 + R_2}{2} \tag{56.2}$$

としたうえで，$D_M/\overline{R} \geq 1.25$ならば，再現性ありと判断します．$n$は3〜4が推奨されています．

（手順2）　交換試行

いよいよ部品探索法の本番です．部品を一つずつ正常品と不具合品の間で交換していきます．これは**表56.1**のNo.3以降のように表現できます．いま，部品数をmとし，正常品の部品を「＋」，不具合品の部品を「－」で表します．交換試行では，＋と－が一つずつ入れ替わります．上から連続する2行が対の試行です．奇数の実験No.は正常品がもとになっている試行で，偶数の実験No.は不具合品がもとになっている試行です．

次に解析について述べます．$\overline{R}$から管理図と同じ要領で，σの推定値を，$\hat{\sigma} = \overline{R}/d_2$で求めます．ここに$d_2$は，

$$E\left(\frac{\overline{R}}{d_2}\right) = \sigma \tag{56.3}$$

を満たす係数です．管理図のテキストにはたいてい載っています．

管理限界は，正常品がもとになっている奇数番での交換試行と，不具合品がもとになっている偶数番での交換試行のそれぞれに与えられ，前者については，

表 56.1　部品探索法の交換試行

No.	部品	1	2	3	4	…	m
1	段取り	+	+	+	+	…	+
2	試行	−	−	−	−	…	−
3	交換試行	−	+	+	+	…	+
4	部品 1	+	−	−	−	…	−
5	交換試行	+	−	+	+	…	+
6	部品 2	−	+	−	−	…	−
7	交換試行	+	+	−	+	…	+
8	部品 3	−	−	+	−	…	−
⋮	⋮	⋮	⋮	⋮	⋮	…	⋮
$2m+1$	交換試行	+	+	+	+	…	−
$2m+2$	部品 m	−	−	−	−	…	+

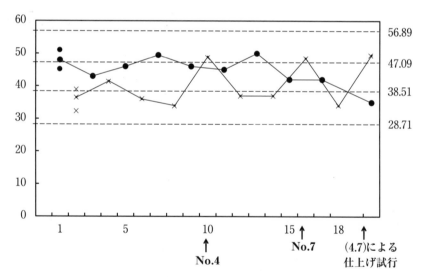

図 56.2　部品探索法でのデータのプロット

M_1 を中心に,

$$M_1 \pm t(0.05, 2(n-1))\hat{\sigma} \qquad (56.4)$$

で与えられます. 同様にして, 後者については, M_2 を中心に,

$$M_2 \pm t(0.05, 2(n-1))\hat{\sigma} \qquad (56.5)$$

で与えられます. 打点の様子を図 56.2 に示します.

図 56.2 では, 部品 No.4 と No.7 のところで, 不具合品側に管理限界線を外れる値が出ていますが, 正常品と不具合品が完全に入れ替わる完全な逆転は観察されません. ここで完全な逆転とは以下のいずれもが満たされる事象をいいます.

- 正常品をもとにする奇数番での観測値が正常品の管理限界から外れ, かつ不具合品の管理限界内に入る.
- 不具合品をもとにする偶数番での観測値が不具合品の管理限界から外れ, かつ正常品の管理限界内に入る.

完全な逆転が観測されれば, そこで終了します.

（手順 3） 仕上げ試行

最後に, 正常品をもとにした交換試行と不具合品をもとにした交換試行のいずれか, あるいは両方で管理限界線を出た複数の部品を認識し, これらを同時に入れ替えた試行を行います. これを仕上げ試行といいます.

図 56.2 では, 部品 4 と部品 7 で管理外れが出ているので, 19 番目の試行として, 部品 4 と部品 7 を同時に入れ替えた仕上げ試行をしています. そこで完全な逆転が発生しているので, ここで終了しています.

部品探索法の場合, 終了ルールがあまり明確ではありません. ただし, 必ず有限回で終了します. 最終的に m 個の部品での仕上げ試行で必ず優劣関係が反転するからです.

Q.57★★ 3 水準系一部実施計画で，直交表でなく，カンファレンス行列を使った実験があると聞きました．どんな実験ですか．

A.57 カンファレンス行列とは，

① 対角要素が 0 である

② 他の要素は 1 か − 1 のいずれかである

③ すべての列が互いに直交する

という 3 つの性質を満たす正方行列と定義されます．この定義より偶数次でしか存在しません．ただし，偶数次であっても常に存在するわけではありません．カンファレンス行列は一意に定まらず何通りも存在しますが，ここでは，以下の性質をもったカンファレンス行列を扱います．

- 第 1 列は次数 m が半偶数(4 の倍数でない偶数)ならば，1 を $m − 1$ 個，0 を 1 個もつ．次数 m が 4 の倍数ならば，− 1 を $m − 1$ 個，0 を 1 個もつ．

- 第 2 列以降の各列は 1 が $m/2$ 個，− 1 が $(m − 2)/2$ 個，0 が 1 個である．

例として $m = 6$ のカンファレンス行列を用いた計画行列を表 57.1 に示します．$2m + 1$ 回の実験をします．ここで，上の 6 行までが 6 次のカンファレンス行列になっており，7 行目〜12 行目はその符号を反転した行列になっています．最後の行はすべてが 0 です．

得られる $2m + 1$ 個のデータに対して，次のモデル

$$y_i = \beta_0 + \sum_{j=1}^{m} \beta_j x_{ij} + \sum_{j=1}^{m-1} \sum_{k=j+1}^{m} \beta_{jk} x_{ij} x_{ik} + \sum_{j=1}^{m} \beta_{jj} x_{ij}^2 + \varepsilon_i \qquad (57.1)$$

を想定しパラメータを最小 2 乗推定します．式(57.1)では，パラメータ数が実験回数より多いので，モデル選択では，重回帰分析の変数増加法か変数増減法を用いるのが普通です．ここで以下の性質が知られています．

表57.1　カンファレンス行列を用いた計画行列

x_1	x_2	x_3	x_4	x_5	x_6
0	1	1	1	1	1
1	0	1	1	-1	-1
1	1	0	-1	-1	1
1	1	-1	0	1	-1
1	-1	-1	1	0	1
1	-1	1	-1	1	0
0	-1	-1	-1	-1	-1
-1	0	-1	-1	1	1
-1	-1	0	1	1	-1
-1	-1	1	0	-1	1
-1	1	1	-1	0	-1
-1	1	-1	1	1	0
0	0	0	0	0	0

- 線形主効果同士は互いに直交する.
- 上記モデルのもと，線形主効果は，すべての2因子交互作用そしてすべ
  ての2次主効果と直交する.
- 切片項の不偏推定量を構成できる.
- 2因子交互作用，2次主効果は互いに部分的に交絡する．ただし，因子
  の2次主効果はその因子を含む2因子交互作用と直交する.
- 上式で仮定したすべての要因効果は互いに完全交絡はしない.
- 因子数が m のとき実験回数は $2m + 1$ である.

この計画は3水準スクリーニング実験に適しています[3]．

3）　カンファレンス行列の詳細は，以下の論文に掲載されています.
- Xiao, L., Lin, D. K. J. and Bai, F. (2012): "Constructing definitive screening design
  using conference matrices", *Jour. Quality Technology*, 44, [1], pp.2-8.

Q.58★　L_{12}や L_{18}のような混合系直交表では，2 因子間の交互作用は求められないのですか．

A.58 当然求められます．仮に 2 因子しか割り付けていなければ，L_{12}では繰り返し 3 回の二元配置，L_{18}では繰り返し 2 回の二元配置です．ただし，この交互作用が特定の列平方和としては求められないのです．この点が素数べき直交表との違いです．また，この交互作用は他の主効果と部分的に交絡します．これについては次の A.59 を見てください．

Q.59★★　L_{12}では，2 因子間の交互作用が残りの 9 列に均等に現れるそうですが，その理屈を教えてください．

A.59 L_{12}の第 1 列に因子 A を，第 2 列に因子 B を割り付けたとき，AB 二元表の各セルに他の列の水準名を組み入れます．すると，**表 59.1** のいずれかになります．

　ここで大事なことは，L_8や L_{16}のように，各セルに 1 と 2 が同数回現れる組合せが存在しないことです．行数 12 を 4 で割った数は 3 なので，同数回ということは必然的にあり得ません．つまり，L_{12}の交互作用は他の列の主効果に部分的に交絡します．

　ところで，**表 59.1** の 2 枚の表は，水準名を入れ替えれば等価です．これ以降，主効果と交互作用の交絡パターンや交絡の大きさを調べる際，因子の水準

表 59.1　AB 二元表の各セルに他の列の水準名を組み入れたもの

	B_1	B_2			B_1	B_2
A_1	1, 1, 2	2, 2, 1		A_1	2, 2, 1	1, 1, 2
A_2	2, 2, 1	1, 1, 2		A_2	1, 1, 2	2, 2, 1

名の入替えで可換な関係にあるものは同値関係にあるとします．すると，L_{12} の交絡パターンは1通りです．

次に交絡の大きさを考えましょう．交互作用を考える因子を A，B とし，この交互作用との交絡が問題となる因子名を C とします．そして実験誤差を無視したうえで，C を含めたその他の因子の効果がないときに，A と B の交互作用 $\lambda_{A \times B}$ の何割が見かけ上の C の主効果平方和 λ_C となって現れるか，すなわち，その比を交絡の大きさと定義します．ここでの平方和は統計量でなく母数なので，S でなく λ という記号を用いています．

2因子交互作用の効果を構造模型の成分 $(\alpha\beta)_1$，$(\alpha\beta)_2$ で表せば（ただし $(\alpha\beta)_1 + (\alpha\beta)_2 = 0$），交互作用平方和は以下のようになります．

$$\lambda_{A \times B} = 2 \sum_{i=1}^{2} \left\{ 3(\alpha\beta)_i \right\}^2 \Big/ 3 = 6 \sum_{i=1}^{2} (\alpha\beta)_i^2 \tag{59.1}$$

一方，因子 C の各水準には，交互作用項が，

- C_1：$(\alpha\beta)_1, (\alpha\beta)_1, (\alpha\beta)_1, (\alpha\beta)_1, (\alpha\beta)_2, (\alpha\beta)_2$
- C_2：$(\alpha\beta)_1, (\alpha\beta)_1, (\alpha\beta)_2, (\alpha\beta)_2, (\alpha\beta)_2, (\alpha\beta)_2$

と現れるので，見かけ上の主効果平方和は以下のようになります．

$$\lambda_C = \frac{\left\{ 4(\alpha\beta)_1 + 2(\alpha\beta)_2 \right\}^2 + \left\{ 2(\alpha\beta)_1 + 4(\alpha\beta)_2 \right\}^2}{6}$$
$$= \frac{2}{3} \sum_{i=1}^{2} (\alpha\beta)_i^2 \tag{59.2}$$

よって，交絡の大きさは1/9です．これより，任意の2列に割り付けた2因子間の交互作用平方和は，残りの9列にすべて等しく1/9ずつの大きさで均等配分されることになり，勘定が合います[4]．

4）　この L_{12} の性質は，以下の論文で調べられました．
- 宮川雅巳(1992)：「混合系直交表における主効果と交互作用の交絡について」，『京都大学数理解析研究所講究録802』，pp.103-118.

Q.60★ L_{18}直交表での主効果と交互作用の交絡パターンと割付けの指針を教えてください.

A.60 L_{18}もL_{12}と同様にして調べられ,結果として交絡パターンは表60.1の4つになります.

表60.1　4つの交絡パターン

① 部分交絡

	B_1	B_2	B_3
A_1	1, 3	1, 2	2, 3
A_2	1, 2	2, 3	1, 3
A_3	2, 3	1, 3	1, 2

② 完全交絡

	B_1	B_2	B_3
A_1	1, 1	2, 2	3, 3
A_2	3, 3	1, 1	2, 2
A_3	2, 2	3, 3	1, 1

③ 混合交絡

	B_1	B_2	B_3
A_1	1, 2	2, 3	1, 3
A_2	1, 2	2, 3	1, 3
A_3	3, 3	1, 1	2, 2

④ 準部分交絡

	B_1	B_2	B_3
A_1	1, 1	2, 3	2, 3
A_2	2, 3	1, 1	2, 3
A_3	2, 3	2, 3	1, 1

表60.1の各パターンを特徴付けてみましょう.

① 部分交絡:各セルが$(1,2)$,$(1,3)$,$(2,3)$で構成され,ab系とab^2系のどちらか一方のみと交絡する.

② 完全交絡:各セルが$(1,1)$,$(2,2)$,$(3,3)$で構成され,ab系とab^2系のどちらか一方のみと交絡する.

③ 混合交絡:$\{1,2,3\}$から重複を許して2つの数字を選んだ6通りのすべてがセルに登場し,ab系とab^2系のいずれにも交絡する.

④ 準部分交絡:例えば,$(1,1)$と$(2,3)$のみがセルに登場し,ab^2系のみと交絡する.

次に,交絡の大きさを計算しましょう.2因子交互作用をab系とab^2系に分

けて，それぞれを$(\alpha\beta)_1, (\alpha\beta)_2, (\alpha\beta)_3$で表せば（ただし$(\alpha\beta)_1 + (\alpha\beta)_2 + (\alpha\beta)_3 = 0$），その交互作用平方和は，

$$\lambda_{A \times B} = \sum_{i=1}^{3} \frac{\{6(\alpha\beta)_i\}^2}{6} = 6\sum_{i=1}^{3}(\alpha\beta)_i^2 \tag{60.1}$$

です．まず，部分交絡の場合，表 **60.1** ①では ab 系と交絡していますので，因子 C の各水準には，ab 系交互作用項が，

- C_1：$(\alpha\beta)_1, (\alpha\beta)_1, (\alpha\beta)_1, (\alpha\beta)_2, (\alpha\beta)_2, (\alpha\beta)_2$
- C_2：$(\alpha\beta)_2, (\alpha\beta)_2, (\alpha\beta)_2, (\alpha\beta)_3, (\alpha\beta)_3, (\alpha\beta)_3$
- C_3：$(\alpha\beta)_1, (\alpha\beta)_1, (\alpha\beta)_1, (\alpha\beta)_3, (\alpha\beta)_3, (\alpha\beta)_3$

と現れます．よって，見かけ上の因子 C の主効果平方和は，

$$\lambda_C = \frac{3}{2}\sum_{i=1}^{3}(\alpha\beta)_i^2 \tag{60.2}$$

となります．すなわち，ab 系との交絡の大きさは1/4です．任意の交互作用は ab 系と ab^2 系に分解されるので，部分交絡の交絡の大きさは 0～1/4 となります．同様な計算をすると，完全交絡では 0～1，混合交絡では 1/4，準部分交絡では 0～1 となります．

　因子 A，B，C を第3列以降に割り付けると部分交絡しか生じません．完全交絡は第2列，第4列，第5列の組合せで発生します．混合交絡と準部分交絡も第2列を使ったときに発生します．これより，L_{18} に3水準因子を割り付けるときの指針は「L_{18} に割り付ける因子がすべて3水準で因子数が6因子以下であるときには，第3列以降に割り付けること」となります[5]．

Q.61★　内側直交表と外側直交表の直積配置の意味を教えてください．

5）　この L_{18} の性質は，以下の論文で調べられました．
- 宮川雅巳，吉田勝実(1992)：「L_{18}直交配列表における交互作用の出現パターンと割り付けの指針」，『品質』，22，[2]，pp.124-130.

A.61 A.3で，直交表の外側に誤差因子を割り付けることで，制御因子と誤差因子の交互作用がすべて推定可能になることを述べました．また，理論式がある場合のA.22では，L_8とL_8の直積実験で制御因子と内乱誤差因子との交互作用がすべて推定可能になることを述べました．

ここでは，L_4とL_4の直積配置から考えていきます．内側に制御因子A, B, Cを，外側に誤差因子P, Q, Rを割り付けます．この配置は，L_{16}の第$1, 2, 3$列にA, B, Cを，第$4, 8, 12$列にP, Q, Rをそれぞれ割り付けたものと等価になります．この線点図は図61.1のようになり，完全2部グラフになります．もともと直積配置とは，因子を2群に分けて，群内の交互作用は無視するが，群間の交互作用に注目するときの配置です．このように，因子を2群に分けて，群間の交互作用をすべて推定するには完全2部グラフの線点図を用いればよいです．

このとき，直積配置には，単に完全2部グラフの割付けよりも強い性質があることに注意しなければなりません．例えば，図61.2も完全2部グラフなので，群間の交互作用は互いに交絡せず，かつ主効果とも交絡しません．しかし，この割付けでは群間の交互作用と群内の交互作用が交絡します．

例えば，第2列と第4列に割り付けた因子の群間交互作用は，第8列と第14列に割り付けた因子の群内交互作用と交絡します．これに対して直積配置に対応する線点図では，群間の交互作用は，主効果はもちろん，群内の交互作用にも交絡しません．これは，制御因子と誤差因子の交互作用という群間の交

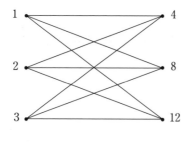

図61.1　線点図1

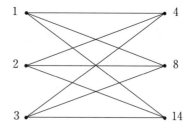

図61.2　線点図2

互作用を偏りなく推定するために望まれる性質です．このような性質をもった完全2部グラフの線点図は，直積配置と等価なものしか存在しません．ここに直積配置の合理性があります[6]．

Q.62★　$L_{36}(2^{11} \times 3^{12})$直交表に6水準因子を割り付ける方法を教えてください．

A.62 多水準作成法を使います．すなわち，2水準列と3水準列の組合せで**表62.1**とします．このとき以下の性質が重要になります．

- 任意の2水準列と3水準列の交互作用は，他の任意の2水準列の主効果と一切交絡しない．
- 2水準列と3水準列との交互作用と，他の3水準列の主効果の交絡パターンは「交絡なし」を含めて4通りある．

結果として，6水準列は3因子まで割り付けられます．その組合せは何通りもあるのですが，そのうちの一つは，

- 因子1(1列，18列)
- 因子2(3列，21列)

表62.1　2水準列と3水準列の組合せ(例)

1	1	1
1	2	2
1	3	3
2	1	4
2	2	5
2	3	6

---

6)　この性質は，以下の論文で調べられました．
- 宮川雅巳(1994)：「外側配置による交互作用解析」，『標準化と品質管理』，47，[1]，pp.76-81．

表62.2　L_{36}に6個の6水準因子を割り付けるための殆直交表

No.	1	2	3	4	5	6	7	8	9	10	11
1	1	1	1	1	1	1	1	1	1	1	1
2	1	1	1	1	1	2	2	2	2	2	2
3	1	1	1	1	1	3	3	3	3	3	3
4	1	1	1	2	2	4	5	5	5	3	1
5	1	1	1	2	2	5	6	6	6	1	2
6	1	1	1	2	2	6	4	4	4	2	3
7	1	1	2	1	2	1	3	4	6	4	6
8	1	1	2	1	2	2	1	5	4	5	4
9	1	1	2	1	2	3	2	6	5	6	5
10	1	2	1	1	1	4	6	4	2	5	5
11	1	2	1	1	1	5	4	5	3	6	6
12	1	2	1	1	1	6	5	6	1	4	4
13	1	2	2	2	2	2	6	3	1	6	1
14	1	2	2	2	2	3	4	1	2	4	2
15	1	2	2	2	2	1	5	2	3	5	3
16	1	2	2	2	1	5	2	1	6	3	5
17	1	2	2	2	1	6	3	2	4	1	6
18	1	2	2	2	1	4	1	3	5	2	4
19	2	1	2	1	2	5	5	3	1	2	6
20	2	1	2	1	2	6	6	1	2	3	4
21	2	1	2	1	2	4	4	2	3	1	5
22	2	1	2	2	1	5	1	6	2	4	3
23	2	1	2	2	1	6	2	4	3	5	1
24	2	1	2	2	1	4	3	5	1	6	2
25	2	1	1	2	1	3	4	2	6	6	4
26	2	1	1	2	1	1	5	3	4	4	5
27	2	1	1	2	1	2	6	1	5	5	6
28	2	2	2	1	1	3	6	5	4	2	2
29	2	2	2	1	1	1	4	6	5	3	3
30	2	2	2	1	1	2	5	4	6	1	1
31	2	2	1	2	2	3	2	5	2	1	6
32	2	2	1	2	2	1	3	6	3	2	4
33	2	2	1	2	2	2	1	4	1	3	5
34	2	2	1	1	2	6	1	3	6	5	2
35	2	2	1	1	2	4	2	1	4	6	3
36	2	2	1	1	2	5	3	2	5	4	1

• 因子3（10列，2列）

で，多水準法を適用すれば6水準因子が割り付けられます.

　次に，直交はしないものの，最低限の交絡を許すと，全部で6因子が割り付けられます. その割付けを表62.2に示します. ここではこれを殆直交表と呼びます. 殆直交表については，田口先生は3水準系の過飽和計画の実験計画として与えています. ここでの計画は未飽和です[7].

　解析では，6水準名義尺度因子として，ダミー変数を使った重回帰分析を行ってください. 未飽和なので，安定した推定値が求められます. 重回帰分析をしなくとも，要因効果図を描けば主要な主効果は絞り込めます.

　水準数を多くとった実験はとても有用だと考えています. 制御因子間に交互作用があるとき，これを無視すると，水準数が少ない実験では最適条件を見誤りますが，水準数が多ければ，二元表を作ることでほぼ間違いなく最適条件を正しく選定できます.

Q.63★ L_{16}実験をしたところ，交互作用$A \times B$と$B \times C$が有意になりました. 最適条件を見つけようと，AとBの二元表とBとCの二元表を作成したところ，前者ではB_1が，後者ではB_2がよいという結果になりました. どうすればよいですか.

A.63 3因子A, B, Cの8通りの組合せのそれぞれで，構造模型

$$\mu + \alpha_i + \beta_j + \gamma_k + (\alpha\beta)_{ij} + (\beta\gamma)_{jk} \tag{63.1}$$

を推定して，最適条件を選定してください. AとBとCの三元表から最適条件を選定するのは誤りです.

7）表62.2は，北村尚久，宮川雅巳（2006）:「L_{36}直交配列表に6水準因子を割付ける方法」，『品質』，36，[4]，pp.461-467によって与えられました.

Q.64★★ 田口先生は交互作用を割り付けるために，線点図を開発されました．一方，パラメータ設計では，交互作用を割り付けるのは無駄だとされています．この点は矛盾しないのですか．

A.64 確かに矛盾します．しかし，「線点図は，現場の技術者からの強い要請に応えるため，やむなく作ったもの」と筆者は田口先生から聞いています．実際，田口先生は初期の頃から，直交表に交互作用を割り付けていませんでした．1953 年に伊奈製陶（現 LIXIL）で行われたタイル実験でも，交互作用を無視して L_{27} に制御因子をガンガン割り付けています．

また，線点図にいくつかの交互作用を割り付けるというやり方には本質的な矛盾点が潜んでいます．いま，特性値は望大特性とします．6 つの 2 水準因子があるとします．すると全部で 15 個の 2 因子交互作用が考えられます．このとき，どれが無視できない大きさをもつかを事前に判定することが果たして可能でしょうか．望大特性なので，平均に大きな効果をもつことが既知の因子は存在しません．すなわち，取り上げた 6 つの制御因子はいずれも主効果があるかどうかも不明な因子です．交互作用があるということは，その因子が効果をもち，かつ，その効果が他の因子の水準間で異なるというより高次の現象です．よって，主効果の有無さえ不明な因子について交互作用の有無の判定ができるはずがないのです．

交互作用がないことを，交互作用を割り付けて証明するのは，実験規模が大きくなって効率的ではありません．ですから，交互作用を無視して推定した最適条件での予測値が確認実験での値と合っていれば，交互作用がないと判定するのです．

ところで，MT 法の項目選択では，2 水準系直交表に項目を割り付けますが，項目間の組合せ効果に興味があれば，2^h 型直交表に割り付けます．このとき，線点図を使います．線点図は MT 法で復活したのです．

第4章

MTシステム

Q.65★ MTシステムを理解するための数学の最小限の知識を教えてください.

A.65 MTシステムは多変量解析法の一種です. タグチ流多変量解析法と呼ぶこともできます. 多変量データは行列やベクトルを用いて記述されるので線形代数が有用です. そこで, その基本的事項を押さえておくのが望ましいです.

線形代数の習得には, 2次元のベクトルや2次の行列に関して理解できれば十分です. 多くの内容は, そのままp次元の場合に拡張されるからです.

(1) ベクトルと行列の定義

教科書によって記述が異なりますが, ここでは, ベクトルは列ベクトル(縦ベクトル)を基本とします. 行ベクトル(横ベクトル)は転置の記号「T」(Transpose)を用いて表します. 例えば,

$$\boldsymbol{x} = \begin{pmatrix} x_1 \\ x_2 \end{pmatrix} \qquad \boldsymbol{x}^T = (x_1, x_2) \tag{65.1}$$

などと表します. $\boldsymbol{x}$を2×1ベクトル, $\boldsymbol{x}^T$を1×2ベクトルと呼びます. 2×1や

1×2をベクトルのサイズと呼びます．ここではベクトルを太字の小文字で表すことにします．

同じサイズの列ベクトルを横に並べると行列になります．例えば，

$$X=(\boldsymbol{x},\ \boldsymbol{y},\ \boldsymbol{z})=\begin{pmatrix}x_1 & y_1 & z_1 \\ x_2 & y_2 & z_2\end{pmatrix} \tag{65.2}$$

は2行3列なので，これを2×3行列と呼びます．この2×3を行列Xのサイズと呼びます．行列を太字でない大文字で表すことにします．式(65.2)の転置をとると，

$$X^T=\begin{pmatrix}\boldsymbol{x}^T \\ \boldsymbol{y}^T \\ \boldsymbol{z}^T\end{pmatrix}=\begin{pmatrix}x_1 & x_2 \\ y_1 & y_2 \\ z_1 & z_2\end{pmatrix} \tag{65.3}$$

となり，これは3×2行列です．ベクトルも行列の一種と考えられます．

行数と列数が等しい行列を正方行列と呼びます．例えば，2×2行列

$$Y=\begin{pmatrix}x_1 & y_1 \\ x_2 & y_2\end{pmatrix} \tag{65.4}$$

は2次の正方行列ですが，式(65.2)や式(65.3)は正方行列ではありません．

正方行列において$A^T=A$となるとき，行列Aを対称行列と呼びます．例えば，式(65.4)の行列Yは，$y_1=x_2$なら対称行列です．分散共分散行列や相関係数行列は常に対称行列になります．

(2)　ベクトルと行列の演算

サイズが同じ2つの行列の定数倍と加減は次のようになります．以下でαとβはスカラー(1次元の量)です．

$$\alpha\boldsymbol{x}\pm\beta\boldsymbol{y}=\alpha\begin{pmatrix}x_1 \\ x_2\end{pmatrix}\pm\beta\begin{pmatrix}y_1 \\ y_2\end{pmatrix}=\begin{pmatrix}\alpha x_1\pm\beta y_1 \\ \alpha x_2\pm\beta y_2\end{pmatrix} \tag{65.5}$$

$$\alpha A\pm\beta B=\alpha\begin{pmatrix}a & b \\ c & d\end{pmatrix}\pm\beta\begin{pmatrix}e & f \\ g & h\end{pmatrix}=\begin{pmatrix}\alpha a\pm\beta e & \alpha b\pm\beta f \\ \alpha c\pm\beta g & \alpha d\pm\beta h\end{pmatrix} \tag{65.6}$$

2つのベクトル$\boldsymbol{x}=(x_1, x_2)^T$と$\boldsymbol{y}=(y_1, y_2)^T$の内積を，

$$\boldsymbol{x}^T\boldsymbol{y}=(x_1,x_2)\begin{pmatrix}y_1\\y_2\end{pmatrix}=x_1y_1+x_2y_2 \tag{65.7}$$

と定義します．これにもとづき，ベクトル$\boldsymbol{x}=(x_1,x_2)^T$の長さを，

$$\|\boldsymbol{x}\|=\sqrt{\boldsymbol{x}^T\boldsymbol{x}}=\sqrt{x_1^2+x_2^2} \tag{65.8}$$

と定義します．長さがゼロでない2つのベクトルの内積がゼロになるとき，この2つのベクトルは直交するといいます．

内積を拡張して，ベクトルと行列の積，行列と行列の積を次のように定義します．

$$\boldsymbol{x}^TA=(x_1,x_2)\begin{pmatrix}a&b\\c&d\end{pmatrix}=(x_1a+x_2c,\ x_1b+x_2d) \tag{65.9}$$

$$A\boldsymbol{x}=\begin{pmatrix}a&b\\c&d\end{pmatrix}\begin{pmatrix}x_1\\x_2\end{pmatrix}=\begin{pmatrix}ax_1+bx_2\\cx_1+dx_2\end{pmatrix} \tag{65.10}$$

$$AB=\begin{pmatrix}a&b\\c&d\end{pmatrix}\begin{pmatrix}e&f\\g&h\end{pmatrix}=\begin{pmatrix}ae+bg&af+bh\\ce+dg&cf+dh\end{pmatrix} \tag{65.11}$$

行列の積はいつも計算可能というわけではありません．$k\times m$行列と$m\times n$行列（前者の列数と後者の行数が同じ行列）の積は計算可能で，その結果は$k\times n$行列になります．また，ABとBAの両方が計算可能であっても，両者が等しくなるとは限りません（積の行列のサイズが異なる場合もあります）．

転置と積に関して次の性質があります．

$$(AB)^T=B^TA^T \tag{65.12}$$

正方行列Aの対角要素の和をAのトレースと呼び（跡とも呼びます），$tr(A)$と表します．すなわち，

$$A=\begin{pmatrix}a&b\\c&d\end{pmatrix}\ \Rightarrow\ tr(A)=a+d \tag{65.13}$$

です．トレースには次の性質があります．

$$tr(A\pm B)=tr(A)\pm tr(B) \tag{65.14}$$

$$tr(AB)=tr(BA)\quad（AB と BA が計算可能のとき） \tag{65.15}$$

(3)　逆行列

p次の正方行列Aに対して，

$$AA^{-1}=A^{-1}A=I_p \qquad (65.16)$$

を満たす行列A^{-1}をAの逆行列と呼びます．ここで，I_pはp次の単位行列（対角要素がすべて1，非対角要素がすべてゼロのp次の正方行列）です．正方行列に対して逆行列は存在するとは限りませんが，存在するなら一意です．

2次の正方行列の場合には，次の公式により逆行列を求められます．

$$A=\begin{pmatrix} a & b \\ c & d \end{pmatrix} \quad \Leftrightarrow \quad A^{-1}=\frac{1}{ad-bc}\begin{pmatrix} d & -b \\ -c & a \end{pmatrix} \qquad (65.17)$$

ただし，$ad-bc=0$なら逆行列は存在しません．$ad-bc$を行列Aの行列式と呼び，$|A|$と表します．

一般に，p次の正方行列Aに対して，次の関係が成り立ちます．

$$A\text{の逆行列が存在しない} \quad \Leftrightarrow \quad |A|=0 \qquad (65.18)$$

逆行列，行列式，転置に関して次式が成り立ちます．

$$(AB)^{-1}=B^{-1}A^{-1} \qquad (65.19)$$

$$(A^T)^{-1}=(A^{-1})^T \qquad (65.20)$$

$$|AB|=|A||B| \qquad |A^T|=|A| \qquad |A^{-1}|=\frac{1}{|A|} \qquad (65.21)$$

(4)　行列のランク（階数）

k個の$p \times 1$ベクトル$\boldsymbol{a}_1, \boldsymbol{a}_2, \cdots, \boldsymbol{a}_k$と$p \times 1$ゼロベクトル$\boldsymbol{0}=(0, 0, \cdots, 0)^T$に対して，

$$c_1\boldsymbol{a}_1+c_2\boldsymbol{a}_2+\cdots+c_k\boldsymbol{a}_k=\boldsymbol{0} \qquad (65.22)$$

が$(c_1, c_2, \cdots, c_k)=(0, 0, \cdots, 0)$以外では成り立たないとき，$\boldsymbol{a}_1, \boldsymbol{a}_2, \cdots, \boldsymbol{a}_k$は一次独立であるといいます．そうでないとき，一次従属であるといいます．

p個の$p \times 1$ベクトル$\boldsymbol{a}_1, \boldsymbol{a}_2, \cdots, \boldsymbol{a}_p$からなる$p$次の正方行列$A=(\boldsymbol{a}_1, \boldsymbol{a}_2, \cdots, \boldsymbol{a}_p)$において一次独立となるベクトルの最大個数を$A$のランク（または階数）と呼び，$rank(A)$と表示します（正方行列でなくても，ランクは同様に定義できます）．$rank(A)=p$のとき，行列Aはフルランクであるといいます．このとき，行列式

はゼロではなく，逆行列が存在します．すなわち，

$$rank(A)=p \quad \Leftrightarrow \quad |A|\neq0 \quad \Leftrightarrow \quad A^{-1}が存在 \tag{65.23}$$

です．フルランクでないとき，ランク落ちしているといいます．

(5) 余因子行列

p次の正方行列Aの(i, j)要素をa_{ij}とします．Aから第i行と第j列を取り除いた$(p-1)$次の正方行列をA_{ij}と表すとき，a_{ij}の余因子を次のように定義します．

- a_{ij}の余因子：$\Delta_{ij}=(-1)^{i+j}|A_{ij}|$ \hfill (65.24)

余因子はスカラー量です．(i, j)要素をΔ_{ji}（添え字の付き方が逆であることに注意）とする行列Δを余因子行列と呼びます．

次の関係が成り立ちます．

$$A\Delta=\Delta A=|A|I_p \tag{65.25}$$

これより，$|A|\neq0$なら，

$$A^{-1}=\frac{1}{|A|}\Delta \tag{65.26}$$

が成り立ちます．これは，p次の正方行列に対する逆行列を求める公式としてよく知られています．2次の場合には，式(65.26)は式(65.17)に一致します．

(6) 固有値と固有ベクトル

p次の正方行列Aとスカラー量λに対して，

$$A\boldsymbol{w}=\lambda\boldsymbol{w} \quad （ただし，\boldsymbol{w}\neq\boldsymbol{0}） \tag{65.27}$$

が成り立つとき，λをAの固有値，$\boldsymbol{w}$をAの固有ベクトルと呼びます．すると，式(65.27)は以下のように表すことができます．

$$(A-\lambda I_p)\boldsymbol{w}=\boldsymbol{0} \quad （ただし，\boldsymbol{w}\neq\boldsymbol{0}） \tag{65.28}$$

$A-\lambda I_p$の逆行列が存在するなら式(65.28)より$\boldsymbol{w}=\boldsymbol{0}$となってしまいます．したがって，$A-\lambda I_p$は逆行列をもたないことが必要です．つまり，固有値は，

$$|A-\lambda I_p|=0 \tag{65.29}$$

の解として求めることができます．式(65.29)を固有方程式と呼びます．固有

値は，重複度を含めてp個存在します．これらのp個の固有値を$\lambda_1, \lambda_2, \cdots, \lambda_p$と表すとき，次式が成り立ちます．

$$tr(A) = \lambda_1 + \lambda_2 + \cdots + \lambda_p \tag{65.30}$$

$$|A| = \lambda_1 \lambda_2 \cdots \lambda_p \tag{65.31}$$

式(65.31)より，「Aの逆行列が存在しない　⇔　$|A|=0$　⇔　ゼロの固有値が存在する」という関係がわかります．すなわち，Aの逆行列が存在するときは，すべての固有値がゼロではなく「$A\boldsymbol{w}=\lambda\boldsymbol{w}$　⇔　$(1/\lambda)\boldsymbol{w}=A^{-1}\boldsymbol{w}$」となるので，$A$の固有値が$\lambda_1, \lambda_2, \cdots, \lambda_p$のとき，$A^{-1}$の固有値は$1/\lambda_1, 1/\lambda_2, \cdots, 1/\lambda_p$となります．

固有値と固有ベクトルについての理解を深めるため，2次の行列Aの場合について上記の内容を確認します．式(65.29)は次のようになります．

$$|A - \lambda I_2| = \begin{vmatrix} a-\lambda & b \\ c & d-\lambda \end{vmatrix}$$

$$= (a-\lambda)(d-\lambda) - bc = \lambda^2 - (a+d)\lambda + ad - bc = 0 \tag{65.32}$$

Aの2つの固有値をλ_1, λ_2とすると，これらは式(65.32)の2次方程式の根なので，式(65.32)は次のように表すことができます．

$$(\lambda - \lambda_1)(\lambda - \lambda_2) = \lambda^2 - (\lambda_1 + \lambda_2)\lambda + \lambda_1 \lambda_2 = 0 \tag{65.33}$$

式(65.32)と式(65.33)の係数を見比べると(解と係数の関係)，

$$\lambda_1 + \lambda_2 = a + d = tr(A) \tag{65.34}$$

$$\lambda_1 \lambda_2 = ad - bc = |A| \tag{65.35}$$

となり，式(65.30)と式(65.31)が成り立つことがわかります．

(7)　スペクトル分解

各要素が実数のp次の対称行列Aの固有値を$\lambda_1, \lambda_2, \cdots, \lambda_p$とし，対応する長さ1の固有ベクトルを$\boldsymbol{w}_1, \boldsymbol{w}_2, \cdots, \boldsymbol{w}_p$とします．対称行列の場合には固有値は実数になり，固有ベクトルは互いに直交します．さらに，いま，$\lambda_1, \lambda_2, \cdots, \lambda_p$は大きい順に並べられているとします．このとき，次式が成り立ちます．

$$A = \lambda_1 \boldsymbol{w}_1 \boldsymbol{w}_1^T + \lambda_2 \boldsymbol{w}_2 \boldsymbol{w}_2^T + \cdots + \lambda_p \boldsymbol{w}_p \boldsymbol{w}_p^T \tag{65.36}$$

これをスペクトル分解と呼びます. $w_i w_i^T (i=1, 2, \cdots, p)$はそれぞれ$p$次の正方行列であることに注意してください.

例えば, $\lambda_1 > \lambda_2 \gg \lambda_3 \approx \cdots \approx \lambda_p \approx 0$としましょう. このとき, 式(65.36)は,

$$A \approx \lambda_1 w_1 w_1^T + \lambda_2 w_2 w_2^T \tag{65.37}$$

と表すことができます. これは, 行列Aが2つの固有値とそれらの固有ベクトルにより近似できることを意味します. これが主成分分析の原理になっています.

(8) 2次形式

$p \times 1$ベクトル$x = (x_1, x_2, \cdots, x_p)^T$と$p$次の対称行列$A = (a_{ij})$($A$の$(i, j)$要素が$a_{ij}$)に対して, 次の量を2次形式と呼びます.

$$x^T A x = \sum_{i=1}^{p}\sum_{j=1}^{p} a_{ij} x_i x_j \tag{65.38}$$

これはスカラー量です. ベクトルxの要素の2次式のみで構成されているので2次形式です.

ゼロベクトルでない任意の$p \times 1$ベクトルxに対して$x^T A x > 0$が成り立つとき, 行列Aを正定値行列と呼びます. また, 任意の$p \times 1$ベクトルxに対して$x^T A x \geq 0$が成り立つとき, 行列Aを非負定値行列と呼びます. 分散共分散行列や相関係数行列は非負定値行列です.

スペクトル分解の式(65.36)の両辺に, 固有値λ_1の固有ベクトルw_1を右から, その転置ベクトルw_1^Tを左からかけると次のようになります.

$$w_1^T A w_1 = \lambda_1 w_1^T w_1 w_1^T w_1 + \lambda_2 w_1^T w_2 w_2^T w_1 + \cdots + \lambda_p w_1^T w_p w_p^T w_1 = \lambda_1 \tag{65.39}$$

これは, 各固有ベクトルの長さが1(すなわち$w_1^T w_1 = 1$), そして, 固有ベクトルは互いに直交する(すなわち$w_1^T w_2 = \cdots = w_1^T w_p = 0$となる)からです. 正定値行列の場合, 2次形式がすべて正なので, 式(65.39)より, $\lambda_1 > 0$となります. 同様に考えることにより, 正定値行列の固有値はすべて正です. また, 非負定値行列の固有値はすべてゼロ以上(非負)になります.

14616 第4章 MT システム

Q.66★ 多重共線性について教えてください.

A.66 多重共線性は multicollinearity といいます.「マルチコ」とも呼びます.
MT 法,重回帰分析,判別分析などでは,分散共分散行列や相関係数行列の逆
行列を求める必要があります.逆行列が存在しない場合,多重共線性が存在す
るといいます.

まず,2 変数 x_1, x_2 の場合を考えます.2 変数の n 組のデータを (x_{i1}, x_{i2}) $(i=1, 2, \cdots, n)$ と表します.各標本平均を,

$$\bar{x}_k = \frac{1}{n}\sum_{i=1}^{n} x_{ik} \quad (k=1, 2) \tag{66.1}$$

と計算します.また,各標本分散を,

$$V_{kk} = \frac{S_{kk}}{n-1} = \frac{1}{n-1}\sum_{i=1}^{n}(x_{ik}-\bar{x}_k)^2 \quad (k=1, 2) \tag{66.2}$$

と計算します.さらに,x_1 と x_2 の共分散を次のように計算します.

$$V_{12} = \frac{S_{12}}{n-1} = \frac{1}{n-1}\sum_{i=1}^{n}(x_{i1}-\bar{x}_1)(x_{i2}-\bar{x}_2) \tag{66.3}$$

そして,x_1 と x_2 の相関係数を次のように求めます.

$$r_{12} = \frac{V_{12}}{\sqrt{V_{11}V_{22}}} = \frac{S_{12}}{\sqrt{S_{11}S_{22}}} \tag{66.4}$$

ここで,$V_{11}V_{22} \neq 0$ を暗に仮定しています.これは,各変数が何らかのばらつ
きをもっているということであり,自然な仮定です.式(66.2)と式(66.3)にお
いて $n-1$ ではなく n で割るという計算方法(最尤推定量)もありますが,式
(66.4)の相関係数はそれに無関係です.以下の議論でも,どちらで割るのかは
本質的ではありません.

標本分散共分散行列 $\hat{\Sigma}$ と標本相関係数行列 R を,

$$\hat{\Sigma} = \begin{pmatrix} V_{11} & V_{12} \\ V_{12} & V_{22} \end{pmatrix} \tag{66.5}$$

$$R = \begin{pmatrix} 1 & r_{12} \\ r_{12} & 1 \end{pmatrix} \tag{66.6}$$

と定義します．多重共線性が生じるのは，これらの逆行列が存在しないときです．ある正方行列の逆行列が存在しないことと，その行列の行列式がゼロになることは同値です．したがって，

- 2変数の場合：

多重共線性が存在　⇔　$\left|\hat{\Sigma}\right| = (V_{11}V_{22} - V_{12}^2) = V_{11}V_{22}(1 - r_{12}^2) = 0$　(66.7)

多重共線性が存在　⇔　$|R| = 1 - r_{12}^2 = 0$　　　　　　　　(66.8)

が成り立ちます．$V_{11}V_{22} \neq 0$を仮定しているので，多重共線性の存在は，標本分散共分散行列で調べても，標本相関係数行列で調べても同じです．

多重共線性への対処方法は簡単です．多重共線性が存在するときには，式(66.7)または式(66.8)より，x_1とx_2の相関係数は$r_{12} = \pm 1$なので，$(x_{i1}, x_{i2})(i = 1, 2, \cdots, n)$のすべてのデータは一直線上にあります．すなわち，$x_{i1}$がわかれば$x_{i2}$は誤差なく決まります．片方の変数のもつ情報はもう一方の変数のもつ情報と同じということです．したがって，片方の変数を解析から外せばよいです．

式(66.7)や式(66.8)に示したように，行列式がぴったりとゼロになるとき，正確多重共線性があるといいます．しかし，実務上は，行列式がゼロに極めて近くなるという場合のほうが多いです．準多重共線性があるといいます．このとき，計算機は計算精度の範囲内で無理やり逆行列を出力しますが，その結果は不安定で，その後の解析結果も信頼できないものとなります．

次に，p個の変数$x_1, x_2, \cdots, x_p$の場合です．多くの内容は2変数の場合と同様ですが，2変数の場合とは異なり注意しなければならないのは，相関係数だけを見ていては多重共線性の全貌は把握できないという点です．$x_1, x_2, \cdots, x_p$のうち，少なくとも一組の相関係数が$r_{kl} = \pm 1$となるなら$\left|\hat{\Sigma}\right| = 0$および$|R| = 0$が成り立ちます．しかし，行列式がゼロになるのは，その場合だけに限りません．3つ以上の変数間に線形の関係式が成り立つ場合にも行列式はゼロになります．すなわち，

・p変数の場合：

多重共線性が存在

$$\Leftrightarrow \quad \left|\widehat{\Sigma}\right|=0 \qquad |R|=0 \tag{66.9}$$

$$\Leftrightarrow \quad 定数 a_1, a_2, \cdots, a_p, b に対して,$$
$$a_1x_1+a_2x_2+\cdots+a_px_p+b=0 \tag{66.10}$$

という関係があります．例えば，式(66.10)において，a_1, a_2がゼロではなく，その他の係数がゼロなら$r_{12}=1$または$r_{12}=-1$が成り立ちます．それに対して，$x_1+x_2+x_3=100$といった関係が成り立つときにも行列式はゼロになります．式(66.10)が複数成り立つ場合もあり得ます．

　数値例で確認してみましょう．表66.1の数値例（3変数の場合）を考えます．表66.1のデータにもとづいて相関係数行列を計算すると表66.2のようになります．3つの相関係数はいずれも±1に近いというレベルではありません．表66.2よりRの行列式を計算するとゼロになります．正確多重共線性が生じています．表66.1の数値例では，実は，$x_1-x_2-x_3=0$という関係が成り立っているからです．つまり，相関係数からだけでは多重共線性の存在を認識することはできません．

表66.1　数値例（3変数の場合）

x_1	x_2	x_3
5.2	3.5	1.7
9.3	6.6	2.7
5.8	0.1	5.7
6.4	1.4	5.0
3.4	5.7	-2.3
2.1	1.3	0.8
4.9	4.6	0.3
1.8	1.3	0.5
9.5	3.8	5.7
3.5	1.2	2.3

表 66.2　相関係数行列

	x_1	x_2	x_3
x_1	1	0.439176966	0.653721614
x_2	0.439176966	1	− 0.392751798
x_3	0.653721614	− 0.392751798	1

表 66.3　相関係数行列 (有効数字 3 桁)

	x_1	x_2	x_3
x_1	1	0.439	0.654
x_2	0.439	1	− 0.393
x_3	0.654	− 0.393	1

表 66.4　表 66.3 の相関係数行列の逆行列

	x_1	x_2	x_3
x_1	− 1533.69574	1262.47379	1499.18921
x_2	1262.47379	− 1038.03263	− 1233.60468
x_3	1499.18921	− 1233.60468	− 1464.27639

　表 66.2 の相関係数行列を有効数字 3 桁に丸めた結果を表 66.3 に示します. このとき, 相関係数行列の行列式は−0.000551と求まります. 相関係数行列の行列式は理論的にはゼロ以上になる (これは, 2 変数の場合には, $|r_{12}| \leq 1$ と式 (66.7), 式 (66.8) よりわかります) のですが, 丸めの誤差によりマイナスの値として求まっています. 準多重共線性の状況です. この場合, 存在しないはずの逆行列を無理やり求めることができて表 66.4 のようになります. 大きな絶対値となっており, いかにも不安定な感じです.

　適切な統計ソフトウェアでは, 小さな値の閾値を設定して, 相関係数行列の行列式がその閾値よりも小さいなら, 多重共線性のアラートを出すなどの工夫がなされています.

　最後に, 多重共線性を構成している変数の組合せの見つけ方を述べます. す

なわち，式(66.10)が(近似的に)成り立っている変数の組合せです．それを見出せれば，その組合せから1つの変数を解析から削除すればよいです．複数の組合せがある場合には，それぞれから変数を1つずつ削除します．

ここでは，いろいろな解析ソフトウェアに実装されている VIF(Variance Inflation Factor：分散拡大要因)を説明します．VIF は，各説明変数を目的変数，残りを説明変数として重回帰分析を行い，そのときの寄与率R^2(このR^2と上に出てきた標本相関係数行列Rとは無関係です)にもとづいて，

$$VIF = \frac{1}{1-R^2} \tag{66.11}$$

と計算したものです．「この値が10以上だと多重共線性の存在を示している」という記載がしばしばあります．これは$R^2 \geq 0.9$に対応します．VIF が大きな値になった変数を解析から削除し，再度，VIF を計算し直し，VIF が大きな値を示さないところまで繰り返します．ただし，削除するのは必ずしも VIF が大きいすべての目的変数ではありません．とりあえず，一つの変数を削除して，同様の検討を繰り返すという手順です．なお，式(66.11)の右辺の分母の$1-R^2$をトレランスと呼びます．

例えば，4変数x_1, x_2, x_3, x_4を考える場合，$x_1 + x_2 + x_3 \approx 100$(準多重共線性)の関係があったとします．また，$x_4$は他の変数とほぼ無相関だとします．各説明変数を目的変数として重回帰分析を行うと，次のようになると考えられます．変数選択を行った結果を示します．

$$\widehat{x}_1 = b_{10} + b_{12}x_2 + b_{13}x_3 \qquad R_1^2 \gg 0.9 \qquad VIF_1 = \frac{1}{1-R_1^2} \gg 10 \tag{66.12}$$

$$\widehat{x}_2 = b_{20} + b_{21}x_1 + b_{23}x_3 \qquad R_2^2 \gg 0.9 \qquad VIF_2 = \frac{1}{1-R_2^2} \gg 10 \tag{66.13}$$

$$\widehat{x}_3 = b_{30} + b_{31}x_1 + b_{32}x_2 \qquad R_3^2 \gg 0.9 \qquad VIF_3 = \frac{1}{1-R_3^2} \gg 10 \tag{66.14}$$

$$\widehat{x}_4 = b_{40} \qquad\qquad\qquad R_4^2 \approx 0 \qquad VIF_4 = \frac{1}{1-R_4^2} \approx 1 \tag{66.15}$$

x_4は，他の変数とほぼ無相関なので，式(66.12)〜式(66.14)では回帰式から外れ，式(66.15)ではx_1, x_2, x_3が取り込まれません．また，$x_1 + x_2 + x_3 \approx 100$という関係があるので，式(66.12)〜式(66.14)では，この関係を反映して寄与率，VIFが大きな値となります．これらを勘案して，x_1, x_2, x_3のいずれかを解析から外します．例えば，x_1を外したならば，確認のためにx_2, x_3, x_4を用いて再度VIFを計算して検討します．

Q.67★ マハラノビスの距離とは何ですか．

A.67 マハラノビス（P. C. Mahalanobis, 1893〜1972年）は，インド統計研究所を設立した有名な統計学者です．

マハラノビスの距離は各変数の分散や変数間の相関係数により調整した距離です．それに対して，日常生活で用いている距離はユークリッドの距離です．ユークリッドの距離では分散や相関係数を考慮していません．

まず，1変数の場合を考えます．変数xの母平均をμ，母分散をσ^2とします．このときのマハラノビスの距離の2乗は，

$$\Delta^2(x) = \frac{(x - \mu)^2}{\sigma^2} \tag{67.1}$$

と定義されます．1変数だと相関係数を考えることはできませんから，分散だけで調整しています．これは，xを標準化した式

$$z = \frac{x - \mu}{\sigma} \tag{67.2}$$

の2乗に他なりません．

変数xが正規分布$N(\mu, \sigma^2)$に従うなら，zは標準正規分布$N(0, 1^2)$に従います．そして，カイ2乗分布の定義（**A.89**を参照）より，式(67.1)の$\Delta^2(x)$は自由度1のカイ2乗分布$\chi^2(1)$に従います．

正規分布$N(\mu, \sigma^2)$の確率密度関数は次式で定義されます．

$$f(x)=\frac{1}{\sqrt{2\pi}\,\sigma}\exp\left\{-\frac{(x-\mu)^2}{2\sigma^2}\right\}=\frac{1}{\sqrt{2\pi}\,\sigma}\exp\left\{-\frac{\Delta^2(x)}{2}\right\} \tag{67.3}$$

この式のなかにマハラノビスの距離の 2 乗$\Delta^2(x)$が含まれています.

　次に，2 変数x_1, x_2の場合を考えます．2 次元ベクトルを$\boldsymbol{x}=(x_1, x_2)^T$($T$はベクトルや行列の転置)と表します．変数$x_1$の母平均を$\mu_1$，母分散を$\sigma_1^2$，変数$x_2$の母平均を$\mu_2$，母分散を$\sigma_2^2$とします．また，$x_1$と$x_2$の共分散を$\sigma_{12}$とします．さらに，母分散共分散行列を，

$$\Sigma=\begin{pmatrix}\sigma_1^2 & \sigma_{12}\\ \sigma_{12} & \sigma_2^2\end{pmatrix} \tag{67.4}$$

と表します．このときのマハラノビスの距離の 2 乗は，

$$\Delta^2(\boldsymbol{x})=(\boldsymbol{x}-\boldsymbol{\mu})^T\Sigma^{-1}(\boldsymbol{x}-\boldsymbol{\mu})=(x_1-\mu_1,\ x_2-\mu_2)\Sigma^{-1}\begin{pmatrix}x_1-\mu_1\\ x_2-\mu_2\end{pmatrix} \tag{67.5}$$

と定義されます．ここで，$\boldsymbol{\mu}=(\mu_1, \mu_2)^T$を母平均ベクトルといいます．また，$\Sigma^{-1}$は$\Sigma$の逆行列です．逆行列はいつも計算できるとは限りません．計算できないとき，変数間に多重共線性が存在するといいます．多重共線性については**A.66**を参照してください.

　$\Sigma=I_2$(I_2は 2 次の単位行列)のとき，式(67.5)は，

$$\Delta^2(\boldsymbol{x})=(\boldsymbol{x}-\boldsymbol{\mu})^T\begin{pmatrix}1 & 0\\ 0 & 1\end{pmatrix}^{-1}(\boldsymbol{x}-\boldsymbol{\mu})=(x_1-\mu_1)^2+(x_2-\mu_2)^2 \tag{67.6}$$

となって，ユークリッドの距離の 2 乗に一致します.

　図 67.1 にイメージ図を示します．円や楕円は等高線を表しています．**図67.1**(A)では，A から中心へと B から中心への各ユークリッドの距離は同じです．**図 67.1**(B)では，C と D が同じ等高線上にあるので，C から中心へと D から中心への各マハラノビスの距離は同じになりますが，ユークリッドの距離は異なります.

　2 次元正規分布の確率密度関数は次式で定義されます.

$$f(\boldsymbol{x})=\frac{1}{2\pi\sqrt{1-\rho_{12}^2}\,\sigma_1\sigma_2}\exp\left\{-\frac{\Delta^2(\boldsymbol{x})}{2}\right\} \tag{67.7}$$

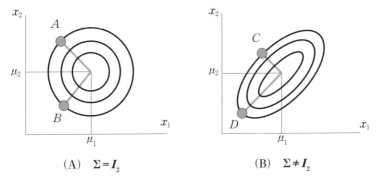

(A)　$\Sigma = I_2$　　　　　　　　　(B)　$\Sigma \neq I_2$

図67.1　マハラノビスの距離のイメージ

この式のなかに，マハラノビスの距離の2乗$\Delta^2(\boldsymbol{x})$が含まれています．ρ_{12}は母相関係数です．このとき，式(67.5)の$\Delta^2(\boldsymbol{x})$は自由度2のカイ2乗分布$\chi^2(2)$に従います．

　最後に，p個の変数$x_1, x_2, \cdots, x_p$の場合です．これは2変数の場合から類推できます．式(67.4)のΣを$p \times p$行列に自然に拡張します．このようにp変数に拡張したもとで，マハラノビスの距離の2乗は式(67.5)の中央の式で定義されます(右辺ではp次元のベクトルと行列を用います)．変数$x_1, x_2, \cdots, x_p$がp次元正規分布に従うとき，マハラノビスの距離の2乗$\Delta^2(\boldsymbol{x})$は自由度pのカイ2乗分布$\chi^2(p)$に従います．

Q.68★　MT法では，通常のマハラノビス距離の2乗を項目数pで割っています．この意味は何ですか．

A.68　p次元の項目がp次元多変量正規分布に従うとき，マハラノビス距離の2乗$\Delta^2(\boldsymbol{x}) = (\boldsymbol{x} - \boldsymbol{\mu})^T \Sigma^{-1} (\boldsymbol{x} - \boldsymbol{\mu})$は自由度$p$のカイ2乗分布に従います．カイ2乗分布の平均は自由度，分散は自由度の2倍なので，pで割れば平均は1になります．これを狙ったものと思われます．ただし，分散は$2/p$とpに依存するの

で，完全な標準化にはなっていません．

　実際には，平均ベクトルと分散共分散行列は未知なので，データからこれら
を推定します．すると，$\widehat{\Delta}^2(\boldsymbol{x}) = (\boldsymbol{x} - \widehat{\boldsymbol{\mu}})^T \widehat{\Sigma}^{-1}(\boldsymbol{x} - \widehat{\boldsymbol{\mu}})$の分布はもはやカイ2乗分
布には従いません．かなり違う分布になります．**A.69**を見てください．

　ですから，「マハラノビスの距離の2乗＝カイ2乗分布」という構図は捨て
たほうがよいです．ただし，直交表を使った項目選択のときは，各行で項目数
が異なるのでpで割っておいたほうがよいです．

Q.69★★　マハラノビスの距離の推定量の性質を教えてください.

A.69 マハラノビスの距離には母平均，母分散，母相関係数などの未知の母
数が含まれています．そこで，観測したn組のデータからこれらの母数を推定
する必要があります．

　1変数の場合を考えます．n個のデータ$x_1, x_2, \cdots, x_n$から母平均μと母分散σ^2を
次のように推定します．

$$\widehat{\mu} = \bar{x} = \frac{1}{n}\sum_{i=1}^{n}x_i \tag{69.1}$$

$$\widehat{\sigma}^2 = V = \frac{S}{n-1} = \frac{1}{n-1}\sum_{i=1}^{n}(x_i - \bar{x})^2 \tag{69.2}$$

$$\widehat{\sigma}^2_{MLE} = V_{MLE} = \frac{S}{n} = \frac{1}{n}\sum_{i=1}^{n}(x_i - \bar{x})^2 \tag{69.3}$$

式(69.2)は実務的によく用いられている不偏推定量（期待値をとるとσ^2となる）
であり，式(69.3)は最尤推定量(Maximum Likelihood Estimator)です．

　これらを**A.67**の式(67.1)に代入した以下がマハラノビスの距離の2乗の推
定量です．

$$\widehat{\Delta}^2(x) = \frac{(x - \bar{x})^2}{V} \tag{69.4}$$

$$\widehat{\Delta}^2_{MLE}(x) = \frac{(x-\overline{x})^2}{V_{MLE}} \tag{69.5}$$

A.67 で述べたように，変数xが正規分布$N(\mu, \sigma^2)$に従うとき，マハラノビスの距離の2乗$\Delta^2(x)$は自由度1のカイ2乗分布$\chi^2(1)$に従います．しかし，式(69.4)や式(69.5)の推定量はそうなりません．厳密には次のようになります．xを手元にあるn個のデータとは独立に正規分布$N(\mu, \sigma^2)$に従うとします(つまり，xは将来得られるデータと考えます)．このとき，次式が成り立ちます．

$$x - \overline{x} \sim N\left(0, \left(1 + \frac{1}{n}\right)\sigma^2\right) \Rightarrow \sqrt{\frac{n}{n+1}}\frac{(x-\overline{x})}{\sigma} \sim N(0, 1^2) \tag{69.6}$$

$$\Rightarrow \frac{n}{n+1}\frac{(x-\overline{x})^2}{\sigma^2} \sim \chi^2(1) \tag{69.7}$$

ここで，式(69.6)の「$\Rightarrow$」では標準化を行い，式(69.7)の「$\Rightarrow$」ではカイ2乗分布の定義(**A.89** を参照)を用いました．さらに，よく知られているように$S/\sigma^2 \sim \chi^2(n-1)$であり，$S$と$(x-\overline{x})^2$は独立なので，式(69.7)と$F$分布の定義(**A.89** を参照)より次式が成り立ちます．

$$\frac{n}{n+1}\frac{(x-\overline{x})^2}{\sigma^2}\frac{1}{(S/\sigma^2)/(n-1)} = \frac{n}{n+1}\widehat{\Delta}^2(x) \sim F(1, n-1) \tag{69.8}$$

ここで，$F(1, n-1)$は第1自由度が1，第2自由度が$n-1$のF分布を表します．nが十分大きいなら$F(1, n-1)$は近似的に$\chi^2(1)$と等しくなるので，近似的に$\widehat{\Delta}^2(\chi) \sim \chi^2(1)$となります．

式(69.5)を用いた場合も，同様に考えると，次式が成り立ちます．

$$\frac{n}{n+1}\frac{(x-\overline{x})^2}{\sigma^2}\frac{1}{(nV_{MLE}/\sigma^2)/(n-1)} = \frac{n-1}{n+1}\widehat{\Delta}^2_{MLE}(x) \sim F(1, n-1) \tag{69.9}$$

式(69.4)と式(69.5)の右辺のxに手元にあるn組のデータ$x_1, x_2, \cdots, x_n$を代入した，

$$\widehat{\Delta}^2(x_i) = \frac{(x_i-\overline{x})^2}{V} \quad (i = 1, 2, \cdots, n) \tag{69.10}$$

$$\widehat{\Delta}^2_{MLE}(x_i) = \frac{(x_i - \overline{x})^2}{V_{MLE}} \quad (i = 1, 2, \cdots, n) \tag{69.11}$$

を考えます．これらをスコア（得点）と呼びます．n個のスコアをすべて加えるとそれぞれ次のようになります．

$$\sum_{i=1}^{n} \widehat{\Delta}^2(x_i) = \frac{1}{V} \sum_{i=1}^{n} (x_i - \overline{x})^2 = \frac{1}{S/(n-1)} S = n - 1 \tag{69.12}$$

$$\sum_{i=1}^{n} \widehat{\Delta}^2_{MLE}(x_i) = \frac{1}{V_{MLE}} \sum_{i=1}^{n} (x_i - \overline{x})^2 = \frac{1}{S/n} S = n \tag{69.13}$$

次に，p変数$x_1, x_2, \cdots, x_p$の場合を考えます．p変数のn組のデータを$(x_{i1}, x_{i2}, \cdots, x_{ip})$ $(i = 1, 2, \cdots, n)$と表します．母平均ベクトル$\boldsymbol{\mu} = (\mu_1, \mu_2, \cdots, \mu_p)^T$の各要素を，

$$\widehat{\mu}_j = \overline{x}_j = \frac{1}{n} \sum_{i=1}^{n} x_{ij} \quad (j = 1, 2, \cdots, p) \tag{69.14}$$

と推定します．また，x_j $(j = 1, 2, \cdots, p)$の母分散を次のように推定します．

$$\widehat{\sigma}_j^2 = V_{jj} = \frac{S_{jj}}{n-1} = \frac{1}{n-1} \sum_{i=1}^{n} (x_{ij} - \overline{x}_j)^2 \tag{69.15}$$

$$\widehat{\sigma}_{j\,MLE}^2 = V_{jj\,MLE} = \frac{S_{jj}}{n} = \frac{1}{n} \sum_{i=1}^{n} (x_{ij} - \overline{x}_j)^2 \tag{69.16}$$

さらに，x_jとx_k $(j, k = 1, 2, \cdots, p)$の共分散を次のように推定します．

$$\widehat{\sigma}_{jk} = V_{jk} = \frac{S_{jk}}{n-1} = \frac{1}{n-1} \sum_{i=1}^{n} (x_{ij} - \overline{x}_j)(x_{ik} - \overline{x}_k) \tag{69.17}$$

$$\widehat{\sigma}_{jk\,MLE} = V_{jk\,MLE} = \frac{S_{jk}}{n} = \frac{1}{n} \sum_{i=1}^{n} (x_{ij} - \overline{x}_j)(x_{ik} - \overline{x}_k) \tag{69.18}$$

これらを配置した行列$\widehat{\Sigma}$ないしは$\widehat{\Sigma}_{MLE}$が標本分散共分散行列（母分散共分散行列Σの推定量）です．これらを用いた以下がマハラノビスの距離の2乗の推定量です．

$$\widehat{\Delta}^2(\boldsymbol{x}) = (\boldsymbol{x} - \widehat{\boldsymbol{\mu}})^T \widehat{\Sigma}^{-1} (\boldsymbol{x} - \widehat{\boldsymbol{\mu}}) \tag{69.19}$$

$$\widehat{\Delta}^2_{MLE}(\boldsymbol{x}) = (\boldsymbol{x} - \widehat{\boldsymbol{\mu}})^T \widehat{\Sigma}^{-1}_{MLE}(\boldsymbol{x} - \widehat{\boldsymbol{\mu}}) \tag{69.20}$$

変数 $x_1, x_2, \cdots, x_p$ が p 次元正規分布に従うとき，マハラノビスの距離の 2 乗 $\Delta^2(\boldsymbol{x})$ は自由度 p のカイ 2 乗分布 $\chi^2(p)$ に従います．一方，$\boldsymbol{x}$ が将来のデータとするとき，式 (69.19)，式 (69.20) に関して次式が成り立ちます[1]．

$$\frac{n(n-p)}{p(n-1)(n+1)}\widehat{\Delta}^2(\boldsymbol{x}) \sim F(p, n-p) \tag{69.21}$$

$$\frac{n-p}{p(n+1)}\widehat{\Delta}^2_{MLE}(\boldsymbol{x}) \sim F(p, n-p) \tag{69.22}$$

ここで $p=1$ と置くと，式 (69.21)，式 (69.22) はそれぞれ式 (69.8)，式 (69.9) に一致します．

式 (69.19) と式 (69.20) の右辺の $\boldsymbol{x}$ に手元にある n 組のデータを代入したスコアをすべて加えるとそれぞれ次のようになります[2]．

$$\sum_{i=1}^{n}\widehat{\Delta}^2(\boldsymbol{x}_i) = (n-1)p \tag{69.23}$$

$$\sum_{i=1}^{n}\widehat{\Delta}^2_{MLE}(\boldsymbol{x}_i) = np \tag{69.24}$$

ここで $p=1$ と置くと，式 (69.23)，式 (69.24) はそれぞれ式 (69.12)，式 (69.13) に一致します．

スコアについては，次のようにベータ分布の定数倍に従います．

$$\frac{n}{(n-1)^2}\widehat{\Delta}^2(\boldsymbol{x}) \sim B\left(\frac{p}{2}, \frac{n-p-1}{2}\right) \tag{69.25}$$

$$\frac{1}{n-1}\widehat{\Delta}^2_{MLE}(\boldsymbol{x}) \sim B\left(\frac{p}{2}, \frac{n-p-1}{2}\right) \tag{69.26}$$

---

1) Tracy, N.D., Young, J.C., and Mason, R.L. (1992)："Multivariate control charts for individual observations", *Journal of Quality Technology*, 24, [2], pp. 88-95.

2) 永田靖 (2009)：『統計的品質管理』，朝倉書店.

Q.70★★　MT法において，現在得られている単位空間のデータの閾値の設定方法を教えてください．

A.70　p 個の変数 $x_1, x_2, \cdots, x_p$ が p 次元正規分布に従うと仮定します．このとき，**A.67** では，以下となることを述べました．

$$\Delta^2(\boldsymbol{x}) = (\boldsymbol{x} - \boldsymbol{\mu})^T \Sigma^{-1}(\boldsymbol{x} - \boldsymbol{\mu}) \sim \chi^2(p) \tag{70.1}$$

しかし，式(70.1)には未知母数を含むので，**A.69** では，式(70.1)に含まれる母平均ベクトルと母分散共分散行列を推定した以下の式を導入しました．

$$\widehat{\Delta}^2(\boldsymbol{x}) = \left(\boldsymbol{x} - \widehat{\boldsymbol{\mu}}\right)^T \widehat{\Sigma}^{-1}\left(\boldsymbol{x} - \widehat{\boldsymbol{\mu}}\right) \tag{70.2}$$

$$\widehat{\Delta}^2_{MLE}(\boldsymbol{x}) = \left(\boldsymbol{x} - \widehat{\boldsymbol{\mu}}\right)^T \widehat{\Sigma}^{-1}_{MLE}\left(\boldsymbol{x} - \widehat{\boldsymbol{\mu}}\right) \tag{70.3}$$

式(70.2)と式(70.3)の右辺の $\boldsymbol{x}$ に現在得られている単位空間のデータを代入したスコアの確率分布は **A.69** より，次のとおり，ベータ分布の定数倍に従います．

$$\frac{n}{(n-1)^2}\widehat{\Delta}^2(\boldsymbol{x}) \sim B\left(\frac{p}{2}, \frac{n-p-1}{2}\right) \tag{70.4}$$

$$\frac{1}{n-1}\widehat{\Delta}^2_{MLE}(\boldsymbol{x}) \sim B\left(\frac{p}{2}, \frac{n-p-1}{2}\right) \tag{70.5}$$

ベータ分布と F 分布には次の関係が成り立ちます．

$$B\left(\frac{\phi_1}{2}, \frac{\phi_2}{2}\right) = \frac{(\phi_1/\phi_2)F(\phi_1, \phi_2)}{1 + (\phi_1/\phi_2)F(\phi_1, \phi_2)} \tag{70.6}$$

式(70.4)〜式(70.6)より，第1自由度 p，第2自由度 $n-p-1$ の F 分布の上側 $100\alpha\%$ 点を $F(p, n-p-1 ; \alpha)$ と表すと，異常と判断する棄却域は次のようになります（右辺が閾値です）．

$$\widehat{\Delta}^2(\boldsymbol{x}) \geq \frac{(n-1)^2}{n} \frac{\{p/(n-p-1)\}F(p, n-p-1 ; \alpha)}{1 + \{p/(n-p-1)\}F(p, n-p-1 ; \alpha)} \tag{70.7}$$

表 70.1　閾値の例(式(70.7)と式(70.8)の右辺)

p	n	式(70.0)の右辺	式(70.8)の右辺	$\chi^2(p,0.01)$	p	n	式(70.0)の右辺	式(70.8)の右辺	$\chi^2(p,0.01)$
5	10	7.70	8.56	15.09	10	20	15.41	16.22	23.21
5	20	11.31	11.90	15.09	10	30	18.05	18.67	23.21
5	30	12.56	12.99	15.09	10	50	20.13	20.54	23.21
5	50	13.57	13.84	15.09	10	100	21.67	21.89	23.21
5	100	14.33	14.47	15.09	10	200	22.44	22.55	23.21
5	200	14.71	14.78	15.09	10	500	22.90	22.95	23.21

$$\widehat{\Delta}^2_{MLE}(\boldsymbol{x}) \geq (n-1)\frac{\{p/(n-p-1)\}F(p,n-p-1;\alpha)}{1+\{p/(n-p-1)\}F(p,n-p-1;\alpha)} \tag{70.8}$$

αの値は「正常を異常と誤って判定する確率」です.αの値をどのように設定するのかは解析者の自由です.仮説検定では$\alpha=0.05$としばしば設定します.一方,異常検知という観点から,管理図では$\alpha=0.003$(1000 分の 3)とします.$\alpha=0.01$と設定して,いくつかのpとnの組合せに対して,式(70.7)と式(70.8)の右辺の閾値を表 70.1 に示します.表 70.1 には,自由度pのカイ 2 乗分布の上側 1% 点$\chi^2(p,0.01)$の値も併記しています.

ここで述べた閾値は,単位空間として現在得られているデータに対するものです.すなわち,管理図でいうと解析用管理図に対応します.これは,現在得られているデータに異常値が存在しないかどうかを確認するためにスクリーニングとして用います.異常値が発見されたら,そのデータを解析から外して,再度,標本平均ベクトルや標本共分散行列を計算して,式(70.2)ないしは式(70.3)に代入して,将来のデータの判定に使います.このときの閾値は A.71 の方法で計算します.

上記の表 70.1 の値と A.71 の表 71.1 の値を比べると,後者のほうがずいぶん大きな値となっています.それは,A.71 の場合には将来のデータという未知のばらつきに配慮しなければならないためです.

Q.71★★　MT 法を用いて将来のデータを判定するときの閾値の設定方法を教えてください.

A.71 p 個の変数 $x_1, x_2, \cdots, x_p$ が p 次元正規分布に従うと仮定します. このとき, A.67 では,

$$\Delta^2(\boldsymbol{x}) = (\boldsymbol{x}-\mu)^T \Sigma^{-1}(\boldsymbol{x}-\mu) \sim \chi^2(p) \tag{71.1}$$

となることを述べました. しかし, 式(71.1)には未知母数が含まれるので, A.69 では, 式(71.1)に含まれる母平均ベクトルと母分散共分散行列を推定した以下の式を導入しました.

$$\widehat{\Delta}^2(\boldsymbol{x}) = \left(\boldsymbol{x}-\widehat{\mu}\right)^T \widehat{\Sigma}^{-1}\left(\boldsymbol{x}-\widehat{\mu}\right) \tag{71.2}$$

$$\widehat{\Delta}^2_{MLE}(\boldsymbol{x}) = \left(\boldsymbol{x}-\widehat{\mu}\right)^T \widehat{\Sigma}^{-1}_{MLE}\left(\boldsymbol{x}-\widehat{\mu}\right) \tag{71.3}$$

$\boldsymbol{x}$ が将来得られるデータとするとき, これらの確率分布が,

$$\frac{n(n-p)}{p(n-1)(n+1)}\widehat{\Delta}^2(\boldsymbol{x}) \sim F(p, n-p) \tag{71.4}$$

$$\frac{n-p}{p(n+1)}\widehat{\Delta}^2_{MLE}(\boldsymbol{x}) \sim F(p, n-p) \tag{71.5}$$

となることを述べました. ここで, n はサンプルサイズです.

　式(71.4)または式(71.5)にもとづいて閾値を定めることができます. 第1自由度 p, 第2自由度 $n-p$ の F 分布の上側 $100\alpha\%$ 点を $F(p, n-p\,;\alpha)$ と表すと, 異常と判断する棄却域は次のようになります(右辺が閾値です).

$$\widehat{\Delta}^2(\boldsymbol{x}) \geq \frac{p(n-1)(n+1)}{n(n-p)}F(p, n-p\,;\alpha) \tag{71.6}$$

$$\widehat{\Delta}^2_{MLE}(\boldsymbol{x}) \geq \frac{p(n+1)}{n-p}F(p, n-p\,;\alpha) \tag{71.7}$$

αの値は「正常を異常と誤って判定する確率」です．αの値をどのように設定するのかは解析者の自由です．仮説検定では$\alpha=0.05$としばしば設定します．一方，異常検知という観点から管理図では$\alpha=0.003$（1000分の3）とします．

いま，$\alpha=0.01$と設定して，いくつかのpとnの組合せに対して式(71.6)と式(71.7)の右辺の値（閾値）を表71.1に例示します．表71.1には，自由度pのカイ2乗分布の上側1%点$\chi^2(p, 0.01)$の値も併記しています．

表71.1より，式(71.6)の右辺と式(71.7)の右辺はnが小さいときは若干の違いがありますが，nが大きくなるとその差はどんどん小さくなっていきます．それは，式(71.6)と式(71.7)の違いは，分散や共分散を求めるときに$n-1$で割るか，nで割るかの違いだけなので，nが大きくなればその違いは無視できるようになるからです．

一方，表71.1より，式(71.6)と式(71.7)の右辺の値と$\chi^2(p, 0.01)$の値はnが小さいときには非常に大きな違いがあります．しかし，nが大きくなるとその差はどんどん小さくなっていきます．後者の理由は次のとおりです．

F分布とカイ2乗分布には$pF(p, \infty)=\chi^2(p)$の関係が成り立つので，上側100α%点に関して$pF(p, \infty ; \alpha)=\chi^2(p, \alpha)$の関係が成り立ちます．これより，式(71.6)の右辺と式(71.7)の右辺はいずれも$n\to\infty$のとき$\chi^2(p, \alpha)$に収束します．すなわち，nが十分大きいときには，式(71.2)と式(71.3)のマハラノビスの距離の2乗の推定量が近似的に$\chi^2(p)$に従うと考えるのは妥当ですが，nが小さい

表71.1　閾値の例（式(71.6)と式(71.7)の右辺）

p	n	式(71.6)の右辺	式(71.7)の右辺	$\chi^2(p, 0.01)$	p	n	式(71.6)の右辺	式(71.7)の右辺	$\chi^2(p, 0.01)$
5	10	108.57	120.64	15.09	10	20	96.74	101.83	23.21
5	20	30.29	31.89	15.09	10	30	50.47	52.21	23.21
5	30	23.10	23.90	15.09	10	50	34.99	35.71	23.21
5	50	19.18	19.58	15.09	10	100	28.05	28.33	23.21
5	100	16.93	17.10	15.09	10	200	25.42	25.55	23.21
5	200	15.96	16.04	15.09	10	500	24.05	24.10	23.21

ときにはその近似は成り立ちません.

　MT法に関して閾値を4と設定するという記述がしばしば見受けられます. このときに注意しなければならないのは, マハラノビスの距離の2乗を求める際, 式(71.1)～式(71.3)を変数の個数pで割ったものを用いるという点です. つまり, 式(71.6)の代わりに$\hat{\Delta}^2(\boldsymbol{x})/p \geq 4$, 式(71.7)の代わりに$\hat{\Delta}^2_{MLE}(\boldsymbol{x})/p \geq 4$が判断基準になります. これらは, それぞれ, $\hat{\Delta}^2(\boldsymbol{x}) \geq 4p$, $\hat{\Delta}^2_{MLE}(\boldsymbol{x}) \geq 4p$なので, $p=5, 10$の場合, $4p=20, 40$を表71.1の閾値と比べてみます. nが小さい場合には$4p=20, 40$は表71.1の値よりも小さく乖離していますが, nがある程度大きくなると表71.1の値よりも高い値になっています. 閾値が大きいと, αが小さくなります. 閾値を4と設定することは, おおざっぱですが, 表71.1にある程度整合しており, nが小さい場合を除けば, 数値表などを必要としない簡便な目安だと考えられます.

Q.72★★　マハラノビス距離の2乗と主成分分析との関係を教えてください.

A.72 多変量データの内部関連を調べる方法として, 主成分分析が広く用いられています. 主成分分析には, 分散共分散行列から出発するものと相関係数行列から出発するものがありますが, MT法が使われる状況は項目の単位が異なるので, 相関係数行列から出発する場合に相当します.

　標本相関係数行列をRとしたとき, 主成分分析の数学的操作はRの固有値, 固有ベクトルを求めることです. p次の対称行列Rは,

$$R = \lambda_1 \boldsymbol{w}_1 \boldsymbol{w}_1^T + \lambda_2 \boldsymbol{w}_2 \boldsymbol{w}_2^T + \cdots + \lambda_p \boldsymbol{w}_p \boldsymbol{w}_p^T \tag{72.1}$$

と分解することができます. これをスペクトル分解といいます. ここに$\lambda_1, \lambda_2, \cdots, \lambda_p$は固有値で, $\boldsymbol{w}_1, \boldsymbol{w}_2, \cdots, \boldsymbol{w}_p$は各固有値に対応する固有ベクトルで長さが1で互いに直交しています.

　各項目で, 標本平均を引き, 標本標準偏差で割るという標準化

$$z_{ij}=\frac{x_{ij}-\overline{x_j}}{s_j} \tag{72.2}$$

を行い，z_{ij}を要素にする$n \times p$の行列Zを作ります．Zの第i行ベクトルを転置した列ベクトルを $\boldsymbol{z}_i=(z_{i1}, z_{i2}, \cdots, z_{ip})^T$とすれば，

$$\widehat{\varDelta}^2(\boldsymbol{z}_i)=\boldsymbol{z}_i^T R^{-1} \boldsymbol{z}_i \tag{72.3}$$

の平方根が個体iのマハラノビスの距離の推定値です．

　Zに対して，各個体の第1主成分得点を要素にするベクトル$\boldsymbol{f}_1$は

$$\boldsymbol{f}_1=Z\boldsymbol{w}_1 \tag{72.4}$$

で与えられます．以下，第2主成分も同様に$\boldsymbol{f}_2=Z\boldsymbol{w}_2, \cdots, \boldsymbol{f}_p=Z\boldsymbol{w}_p$です．個体$i$の第1主成分得点は，$f_{1i}=\boldsymbol{z}_i^T \boldsymbol{w}_1$となります．第2主成分以降も同様です．

　ところで，スペクトル分解を行列表現すると，

$$R=W\varLambda W^T \tag{72.5}$$

と書けます．ここでWは$\boldsymbol{w}_1, \boldsymbol{w}_2, \cdots, \boldsymbol{w}_p$を列ベクトルにする行列で直交行列です．$\varLambda$は固有値を対角要素にする対角行列です．このとき，$R$の逆行列$R^{-1}$のスペクトル分解は，

$$R^{-1}=W\varLambda^{-1}W^T \tag{72.6}$$

です．この関係を式(72.3)に代入して，$f_{ki}=\boldsymbol{z}_i^T \boldsymbol{w}_k$であることより，個体$i$のマハラノビス距離の2乗の推定値は，

$$\widehat{\varDelta}^2(\boldsymbol{z}_i)=\boldsymbol{z}_i^T W\varLambda^{-1}W^T \boldsymbol{z}_i$$

$$=\frac{1}{\lambda_1}\boldsymbol{z}_i^T \boldsymbol{w}_1 \boldsymbol{w}_1^T \boldsymbol{z}_i+\frac{1}{\lambda_2}\boldsymbol{z}_i^T \boldsymbol{w}_2 \boldsymbol{w}_2^T \boldsymbol{z}_i+\cdots+\frac{1}{\lambda_p}\boldsymbol{z}_i^T \boldsymbol{w}_p \boldsymbol{w}_p^T \boldsymbol{z}_i$$

$$=\frac{\boldsymbol{f}_{1i}^2}{\lambda_1}+\frac{\boldsymbol{f}_{2i}^2}{\lambda_2}+\cdots+\frac{\boldsymbol{f}_{pi}^2}{\lambda_p} \tag{72.7}$$

と表現できます．すなわち，個体iの$\widehat{\varDelta}^2(\boldsymbol{z}_i)$は，各主成分得点の2乗を固有値の逆数で重み付けた和です．よって，固有値にきわめて0に近い値があると，$\widehat{\varDelta}^2(\boldsymbol{z}_i)$の値は対応する主成分得点の値に強く影響され不安定になります．

Q.73★　MT法と多変量管理図との違いがわかりません.

A.73 多変量管理図でも各群でマハラノビス距離の2乗を算出し,これを時系列的に打点していきます.そして解析用管理図ではベータ分布をもとに,管理用管理図では F 分布から3シグマの管理限界線を求めて(**A.70**,**A.71** を参照),管理外れを検出します.

多変量管理図とMT法の決定的違いは,単位空間に属さない個体を用意するかしないかの違いにあります.多変量管理図はもとよりすべての管理図では,異常の個体を用意するという作業がありません.よって,打点している項目の合理性を判断する術がないのです.これに対して,MT法では,単位空間に属さない個体について標本SN比を計算し,その値が十分大きいかをチェックします.これにより測定している項目の合理性を判断できるのです.このわずかな差が,誰も使わない多変量管理図と,多くの技術者に受け入れられたMT法との違いになっているのです.

Q.74★　MT法と判別分析の使い分けがよくわかりません.

A.74 分析対象の個体の集団がいくつかの異質な群に分かれている状況があります.各群でのいくつかの特性の分布が既知,あるいは推定されているとき,それらの特性が観測された個体について,それがどの群に属しているかを推測する統計的方法が判別分析です.判別分析には,各群の事前確率を考えたベイズ流をはじめ,いくつかの方法がありますが,ここではマハラノビス距離にもとづく方法を論じます.

まず,2群の場合を考えます.各個体について p 個の量的変数が観測されます.これらの変数の群1での分布が平均ベクトル $\mu^{(1)}$,分散共分散行列が $\Sigma_{(1)}$ の p 次元多変量正規分布であると仮定します.母数の括弧添え字は群番号を意

味します．群2での分布は平均ベクトル$\mu^{(2)}$，分散共分散行列が$\Sigma_{(2)}$のp次元多変量正規分布であるとします．

さて，ある個体のp次元確率ベクトルがxであるとき，群1におけるマハラノビス距離の2乗は，

$$\Delta^2_{(1)}(x)=(x-\mu^{(1)})^T\Sigma^{-1}_{(1)}(x-\mu^{(1)}) \tag{74.1}$$

です．同様に，群2でのマハラノビス距離の2乗は，

$$\Delta^2_{(2)}(x)=(x-\mu^{(2)})^T\Sigma^{-1}_{(2)}(x-\mu^{(2)}) \tag{74.2}$$

です．そこで，素朴なルールとして，

- $\Delta^2_{(1)}(x)<\Delta^2_{(2)}(x)$ならば群1と判定する
- $\Delta^2_{(1)}(x)>\Delta^2_{(2)}(x)$ならば群2と判定する

というものが考えられます．これがマハラノビス距離による判別です．3群以上になっても，マハラノビス距離が最小になる群に判定すればよいのです．母数が未知のときは，データから推定し，以下を求めることになります．

$$\widehat{\Delta}^2_{(1)}(x)=(x-\widehat{\mu}^{(1)})^T\widehat{\Sigma}^{-1}_{(1)}(x-\widehat{\mu}^{(1)}) \tag{74.3}$$

$$\widehat{\Delta}^2_{(2)}(x)=(x-\widehat{\mu}^{(2)})^T\widehat{\Sigma}^{-1}_{(2)}(x-\widehat{\mu}^{(2)}) \tag{74.4}$$

ところで，2群の分散共分散行列が等しいとき，$\Sigma_{(1)}=\Sigma_{(2)}=\Sigma$と置けば，

$$\begin{aligned}\Delta^2_{(2)}&(x)-\Delta^2_{(1)}(x)\\&=(x-\mu^{(2)})^T\Sigma^{-1}(x-\mu^{(2)})-(x-\mu^{(1)})^T\Sigma^{-1}(x-\mu^{(1)})\\&=2(x-\mu)^T\Sigma^{-1}(\mu^{(1)}-\mu^{(2)})\end{aligned} \tag{74.5}$$

ここに，以下となります．

$$\mu=\frac{\mu^{(1)}+\mu^{(2)}}{2} \tag{74.6}$$

ここで，$z=(\Delta^2_{(2)}(x)-\Delta^2_{(1)}(x))/2$とすれば，上の判別ルールは，

- $z>0$ならば群1と判定する
- $z<0$ならば群2と判定する

と書けます．そこで，$\delta=\Sigma^{-1}(\mu^{(1)}-\mu^{(2)})=(\delta_1,\delta_2,\cdots,\delta_p)^T$とすれば，

$$z=\delta_1(x_1-\mu_1)+\delta_2(x_2-\mu_2)+\cdots+\delta_p(x_p-\mu_p) \tag{74.7}$$

というように，$x_1,x_2,\cdots,x_p$の1次式になります．このzをFisherの線形判別

関数と呼びます. 1936 年に Fisher が導きました. $z = 0$ を満たす $(x_1, x_2, \cdots, x_p)$ は p 次元での超平面になり, これが判別の境界面となります.

　上に述べたように, 判別分析の統計モデルとは, いくつかの群があり, 群間でいくつかの特性の分布が異なっているというモデルです. したがって, 群が原因で特性が結果という構造です[3].

　一方, 品質管理の分野では, 良品・不良品を2つの群として, 原材料特性や製造条件を量的変数とした判別分析が数多く行われました. これは2つの点で完全な誤りです.

　一つは, 原因と結果の関係が逆ということです. 良品・不良品というのは製造の結果です. 結果は群ではありません. 二つ目は, これがポイントなのですが, 不良品というものには多様な現象が混在しています. 良品はある程度均一な母集団を形成しても, 不良品が一つの意味のある母集団をなすとは考えられません.

　『タグチメソッド　わが発想法』(田口玄一, 経済界, 1999 年)の p.200 には次の記述があります.

　「私にこのようなアイデアを与えてくれたきっかけは, 昔読んだトルストイの小説「アンナ・カレーニナ」の冒頭の一節である. そこには次のように記されている.

　「幸福な家庭はすべて互いに似かよったものであり, 不幸な家庭はどこもその不幸のおもむきが異なっているものである」(木村浩訳, 新潮文庫)」

　経営分析で, 倒産企業と非倒産企業を各種財務指標から判別分析するというのも同じ誤りを犯してします. このような誤りを助長させた理由の1つは, 線形判別関数

---

3)　判別分析の古典的適用例として, 1935 年に発表された Barnard の頭蓋骨特性の研究があります. これは, 4つの時代区分に属する頭蓋骨の7つの特性から時代とともに起こった変化を研究したものです. また, Fisher の論文に引用されたデータは, アヤメ科の3品種について, がく弁の長さと幅, 花弁の長さと幅の4つの特性を観測したものです. これは今日でも判別・分類研究のベンチマークデータになっています. これらの研究では, 群が原因として母集団を形成していることに注意してください.

$$z = \delta_1(x_1 - \mu_1) + \delta_2(x_2 - \mu_2) + \cdots + \delta_p(x_p - \mu_p)$$
$$= \alpha + \delta_1 x_1 + \delta_2 x_2 + \cdots + \delta_p x_p \tag{74.8}$$

の表現にあると筆者は確信しています．つまり，形式的に重回帰モデルと同じ格好です．さらに，群 1 のサンプルサイズを $n^{(1)}$，群 2 のそれを $n^{(2)}$ としたとき，属する群が観測された個体に対して，z を 2 値のダミー変数

$$z = \begin{cases} \dfrac{n^{(2)}}{n^{(1)} + n^{(2)}} & （個体が群1のとき） \\ \dfrac{-n^{(1)}}{n^{(1)} + n^{(2)}} & （個体が群2のとき） \end{cases} \tag{74.9}$$

とすると，回帰分析の解析ソフトで線形判別関数が推定できてしまうのです．

　もちろん，良・不良を 2 値目的変数，操業条件を説明変数にした重回帰分析を行えば，不良に効いている操業条件が絞り込めると思いますが，その解析は判別分析を行ったことにはならないのです．

　良品・正常品が一つの群をなすとき，それから外れた不良品・不具合品を判定する方法は判別分析ではありません．それを行うのが MT 法なのです．

Q.75★★ 多重共線性を回避するために MTA 法があると聞きましたが，どういう根拠があるのですか．

A.75 MT 法では，マハラノビスの距離を用います．マハラノビスの距離を計算する際には，分散共分散行列ないしは相関係数行列の逆行列を計算する必要があります．このとき，逆行列が存在しない場合があり，多重共線性があるといいます．多重共線性については A.66 を参照してください．

　MT 法において，多重共線性を回避する手法として田口[4]では MTA (Mahalanobis Taguchi Adjoint)法が提案されました．Adjoint とは余因子行列

4）　田口玄一(2002):「20 世紀の MTS 法と 21 世紀の MT 法」,『標準化と品質管理』, 55, [2], pp.61-70.

を意味します（**A.65** を参照してください）．しかし，宮川[5] は，この方法が適切ではないことを示しました．以下では，MTA 法の根拠と何が適切ではないのかについて説明します．

　MT 法ではマハラノビスの距離の推定量を用います．いま，各変数の標本分散は $n-1$ で割ったものとします．ここでは，事前にデータを標準化します．標準化とは，各変数の標本平均を引き，標本標準偏差で割ることです．標準化した変数ベクトルを $\boldsymbol{z}$ と表すと，**A.69** の式 (69.19) におけるマハラノビスの距離の 2 乗の推定量は次式のようになります．

$$\widehat{\Delta}^2(\boldsymbol{z}) = \boldsymbol{z}^T R^{-1} \boldsymbol{z} \tag{75.1}$$

ここで，R は標本相関係数行列です．

　標本相関係数行列の逆行列が存在しない可能性を考慮して，MTA 法では，式 (75.1) の R^{-1} を R の余因子行列 $\tilde{R}$ で置き換えた以下を用います．

$$\widehat{\Delta}_A^2(\boldsymbol{z}) = \boldsymbol{z}^T \tilde{R} \boldsymbol{z} \tag{75.2}$$

　2 つの例を考えましょう．

　（**例 75.1**）　変数の個数が $p=3$ の場合を考えます．標本相関係数行列が，

$$R = \begin{pmatrix} 1 & \sqrt{3}/2 & 1/2 \\ \sqrt{3}/2 & 1 & \sqrt{3}/2 \\ 1/2 & \sqrt{3}/2 & 1 \end{pmatrix} \tag{75.3}$$

とします．この行列の行列式は $|R|=0$ であり，逆行列 R^{-1} は存在しません．式 (75.3) の標本相関係数行列は，標準化された変数間に，

$$z_1 - \sqrt{3} z_2 + z_3 = 0 \tag{75.4}$$

の関係があるときに得られます．3 変数間に線形関係式が一つだけ成り立つので，行列 R のランクはフルランクから 1 つ落ちて 2 になります．

　行列 R の余因子行列は次のようになります．

$$\tilde{R} = \frac{1}{4} \begin{pmatrix} 1 & -\sqrt{3} & 1 \\ -\sqrt{3} & 3 & -\sqrt{3} \\ 1 & -\sqrt{3} & 1 \end{pmatrix} \tag{75.5}$$

---

5)　宮川雅巳 (2003)：「SQC から見たタグチメソッド」，『品質』，33，[1]，pp.27-35．

これより，MTA 法で用いるマハラノビスの距離の 2 乗は，

$$\hat{\Delta}_A^2(\boldsymbol{z}) = \boldsymbol{z}^T \tilde{R} \boldsymbol{z} = \frac{1}{4}(z_1 - \sqrt{3}z_2 + z_3)^2 \tag{75.6}$$

となります．単位空間では，式(75.4)が成り立つので，$\hat{\Delta}_A^2(\boldsymbol{z}) = 0$ となります．単位空間外でも $\hat{\Delta}_A^2(\boldsymbol{z}) = 0$ となるなら，式(75.6)は判別能力をもちません．一方，単位空間外で $\hat{\Delta}_A^2(\boldsymbol{z}) > 0$ となるなら，式(75.6)には判別能力があります．

式(75.6)は，単位空間で成り立っている制約式だけを表しています．z_1, z_2, z_3 が有しているその他の情報を無視していることになるので，これは望ましくありません．

A.65 で述べたように，一般に，余因子行列 $\tilde{R}$ ともとの行列 R との間には，

$$R\tilde{R} = |R| I_p \quad (I_p \text{は} p \text{次の単位行列}) \tag{75.7}$$

が成り立ちます．もし，R の逆行列が存在するなら（$|R| \neq 0$ なら），式(75.7)より $\tilde{R} = |R| R^{-1}$ が成り立つので，これを式(75.2)に代入すると，

$$\hat{\Delta}_A^2(\boldsymbol{z}) = \boldsymbol{z}^T \tilde{R} \boldsymbol{z} = |R| \boldsymbol{z}^T R^{-1} \boldsymbol{z} = |R| \hat{\Delta}^2(\boldsymbol{z}) \tag{75.8}$$

となります．式(75.8)の右辺は通常のマハラノビスの距離の 2 乗の定数倍です．

次に，ランクが 2 つ落ちる場合（変数間に 2 つの線形式が成り立つ場合）の例を考えましょう．

(例 75.2)　変数の個数が $p = 4$ とします．標本相関係数行列が，

$$R = \begin{pmatrix} 1 & 1 & 0.5 & 0.5 \\ 1 & 1 & 0.5 & 0.5 \\ 0.5 & 0.5 & 1 & 1 \\ 0.5 & 0.5 & 1 & 1 \end{pmatrix} \tag{75.9}$$

とします．この行列の行列式は $|R| = 0$ であり，逆行列 R^{-1} は存在しません．この行列はランクは 2 です．フルランクだと 4 なので，ランクが 2 だけ落ちています．標準化された変数間に，

$$z_1 - z_2 = 0 \qquad z_3 - z_4 = 0 \tag{75.10}$$

の関係が成り立つ場合に，式(75.9)の標本相関係数行列が得られます（式(75.10)とは別に，相関係数が 0.5 となる情報が式(75.9)には加わっています）．

式(75.9)の余因子行列は,

$$\tilde{R}=\begin{pmatrix} 0 & 0 & 0 & 0 \\ 0 & 0 & 0 & 0 \\ 0 & 0 & 0 & 0 \\ 0 & 0 & 0 & 0 \end{pmatrix} \tag{75.11}$$

になります. これより, MT 法で用いるマハラノビスの距離の 2 乗は,

$$\hat{\varDelta}_A^2(\boldsymbol{z})=\boldsymbol{z}^T\tilde{R}\boldsymbol{z}=0 \tag{75.12}$$

です. 式(75.12)より $\tilde{R}$ 自体がゼロ行列なので, 単位空間でも単位空間外でもマハラノビスの距離は常にゼロになり, MTA 法には判別力はありません.

一般に, 標本相関係数行列のランクが 2 以上落ちた場合には, 式(75.11)のように $\tilde{R}$ はゼロ行列になります. 詳しくは, 宮川[5]を参照してください.

以上に述べた MTA 法の本質についてまとめておきます.

① 標本相関係数行列 R の逆行列が存在する場合には, MTA 法で計算するマハラノビスの距離は, 通常の MT 法のマハラノビスの距離の 2 乗の定数倍です.

② R のランクが 1 だけ落ちた場合には, MTA 法のマハラノビスの距離の 2 乗は, 単位空間における変数間の線形制約式の 2 乗の定数倍となります. 単位空間外でもその線形制約式が成り立つのなら MTA 法では判別できません. 一方, 単位空間外でその線形制約式が成り立たないなら判別の尺度となります. ただし, この場合でも, MTA 法には情報の損失が生じています.

③ R のランクが 2 以上落ちた場合には, MTA 法のマハラノビスの距離の 2 乗は常にゼロとなり, MTA 法は判別力をもちません.

MTA 法のアイデアを活かし, 上記の②や③の不具合を改良する手法が提案されています. A.76 で紹介します.

Q.76★★ MTA法のアイデアを活かした改良法があると聞きましたが，どのような方法ですか.

A.76 相関係数行列Rのスペクトル分解（**A.65**を参照）

$$R = \lambda_1 \boldsymbol{w}_1 \boldsymbol{w}_1^T + \lambda_2 \boldsymbol{w}_2 \boldsymbol{w}_2^T + \cdots + \lambda_p \boldsymbol{w}_p \boldsymbol{w}_p^T \tag{76.1}$$

を考えます．ここで，$\lambda_1, \lambda_2, \cdots, \lambda_p$は$R$の固有値で，$\lambda_1 \geq \lambda_2 \geq \cdots \geq \lambda_p \geq 0$となるように大きい順に並べています．相関係数行列は非負定値行列なので，固有値はすべてゼロ以上になります．また，各固有値に対応する長さ1の固有ベクトルを$\boldsymbol{w}_1, \boldsymbol{w}_2, \cdots, \boldsymbol{w}_p$と記載しています．これらは互いに直交します．$R$の逆行列が存在するなら，すべての固有値がゼロよりも大きくなります．また，「$R\boldsymbol{w} = \lambda \boldsymbol{w} \Leftrightarrow R^{-1}\boldsymbol{w} = (1/\lambda)\boldsymbol{w}$」の関係より，$R^{-1}$の固有値は$1/\lambda_1, 1/\lambda_2, \cdots, 1/\lambda_p$となり，対応する固有ベクトルは$R$の固有ベクトルと同じです．したがって，

$$R^{-1} = \frac{1}{\lambda_1} \boldsymbol{w}_1 \boldsymbol{w}_1^T + \frac{1}{\lambda_2} \boldsymbol{w}_2 \boldsymbol{w}_2^T + \cdots + \frac{1}{\lambda_p} \boldsymbol{w}_p \boldsymbol{w}_p^T \tag{76.2}$$

が成り立ちます.

Rのランクが1つだけ落ちるときにはゼロとなる固有値が1つだけあります（$\lambda_p = 0$）．このときは式(76.2)は成り立ちません．この場合には，変数間に線形制約式が1つ成り立ち，その制約式の係数はゼロの固有値に対応する固有ベクトルとして求めることができます．

（例76.1） **A.75**の式(75.3)の行列Rを取り上げます．この相関係数行列の背後には次の線形制約式が成り立っていました.

$$z_1 - \sqrt{3} z_2 + z_3 = 0 \tag{76.3}$$

Rの固有値と長さ1の固有ベクトルを求めると次のようになります.

$$\lambda_1 = \frac{5}{2} \qquad \boldsymbol{w}_1 = \left(\frac{\sqrt{3}}{\sqrt{10}}, \frac{2}{\sqrt{10}}, \frac{\sqrt{3}}{\sqrt{10}} \right)^T \tag{76.4}$$

$$\lambda_2 = \frac{1}{2} \qquad \boldsymbol{w}_2 = \left(\frac{1}{\sqrt{2}}, 0, -\frac{1}{\sqrt{2}} \right)^T \tag{76.5}$$

$$\lambda_3=0 \qquad \boldsymbol{w}_3=\left(\frac{1}{\sqrt{5}}, -\frac{\sqrt{3}}{\sqrt{5}}, \frac{1}{\sqrt{5}}\right)^T \tag{76.6}$$

固有値ゼロに対応する固有ベクトル $\boldsymbol{w}_3$ が式(76.3)の線形制約式の係数(の定数倍)となっています.

　一般に, R のランクが q である(ランクが $(p-q)$ だけ落ちる)ときにはゼロとなる固有値が $(p-q)$ 個あります. すなわち, $\lambda_{q+1}=\lambda_{q+2}=\cdots=\lambda_p=0$ です. この場合には, 変数間に $(p-q)$ 個の線形制約式が成り立っています. そして, それらの線形制約式の係数は, 固有値ゼロに対応する互いに直交する固有ベクトルとして求めることができます. ただし, 制約式が一意に定まるわけではありません.

　(例 76.2)　A.75 の式(75.9)の行列 R を取り上げます. この相関係数行列の背後には次の線形制約式が成り立っていました.

$$z_1-z_2=0 \qquad z_3-z_4=0 \tag{76.7}$$

R の固有値と長さ 1 の固有ベクトルを求めると次のようになります.

$$\lambda_1=3 \qquad \boldsymbol{w}_1=(0.5, 0.5, 0.5, 0.5)^T \tag{76.8}$$

$$\lambda_2=1 \qquad \boldsymbol{w}_2=(0.5, 0.5, -0.5, -0.5)^T \tag{76.9}$$

$$\lambda_3=0 \qquad \boldsymbol{w}_3=\left(\frac{1}{\sqrt{2}}, -\frac{1}{\sqrt{2}}, 0, 0\right)^T \tag{76.10}$$

$$\lambda_4=0 \qquad \boldsymbol{w}_4=\left(0, 0, \frac{1}{\sqrt{2}}, -\frac{1}{\sqrt{2}}\right)^T \tag{76.11}$$

固有値ゼロに対応する固有ベクトル $\boldsymbol{w}_3$ と $\boldsymbol{w}_4$ が式(76.7)の線形制約式の係数(の定数倍)となっています.

　以上にもとづき, 宮川・永田[6]が提案した MTA 法の改良手法を述べます.

　閾値 c を小さな値に設定し, この値より小さな固有値をゼロとみなします. いま, p 次の標本相関係数行列 R において, c 以上の固有値が q 個あるとします. すなわち, $(p-q)$ 個の固有値がゼロである(変数間に $(p-q)$ 個の線形制約式が

　6)　宮川雅巳, 永田靖(2003):「マハラノビス・タグチ・システムにおける多重共線性対策について」,『品質』, 33, [4], pp.467-475.

成り立つ)とみなします. このとき, 式(76.1)より, 近似的に

$$R \approx \lambda_1 \boldsymbol{w}_1 \boldsymbol{w}_1^T + \lambda_2 \boldsymbol{w}_2 \boldsymbol{w}_2^T + \cdots + \lambda_q \boldsymbol{w}_q \boldsymbol{w}_q^T \tag{76.12}$$

となります. 式(76.12)では, 式(76.1)から, 後ろの$(p-q)$個の項を取り除いています. そして, 式(76.12)にもとづいて,

$$R^+ = \frac{1}{\lambda_1} \boldsymbol{w}_1 \boldsymbol{w}_1^T + \frac{1}{\lambda_2} \boldsymbol{w}_2 \boldsymbol{w}_2^T + \cdots + \frac{1}{\lambda_q} \boldsymbol{w}_q \boldsymbol{w}_q^T \tag{76.13}$$

を考えます. 式(76.13)の左辺の＋の記号は, ムーアペンローズの一般逆行列を意味します. 式(76.13)にもとづいて, まず, 第1種の距離の2乗を次のように定義します.

$$\widehat{\Delta}_\mathrm{I}^2(\boldsymbol{z}) = \boldsymbol{z}^T R^+ \boldsymbol{z} \tag{76.14}$$

Rが逆行列をもつなら式(76.14)は通常のマハラノビスの距離の2乗の推定量に一致します(**A.75**を参照).

次に, ゼロとみなせる固有値が$(p-q)$個あるので, ゼロの固有値に対応して互いに直交する長さ1の固有ベクトル$\boldsymbol{w}_{q+1}, \boldsymbol{w}_{q+2}, \cdots, \boldsymbol{w}_p$を求めます. そこで, 第2種の距離の2乗を次のように定義します.

$$\widehat{\Delta}_\mathrm{II}^2(\boldsymbol{z}) = (\boldsymbol{z}^T \boldsymbol{w}_{q+1})^2 + (\boldsymbol{z}^T \boldsymbol{w}_{q+2})^2 + \cdots + (\boldsymbol{z}^T \boldsymbol{w}_p)^2 \tag{76.15}$$

この距離は単位空間ではほぼゼロです. この距離が単位空間外でゼロでない場合には, 判別するための有効な尺度となります.

第1種の距離と第2種の距離を定義しましたが, これらを一つにまとめるのは難しいです. 第1種の距離は単位空間において確率分布を考えることができるのに対して, 第2種の距離では確率分布を考えられない(単位空間ではほぼゼロになる)からです.

MTA法では, それが意味のある場合(標本相関係数行列Rのランクが1だけ落ちる場合)に, 第2種の距離だけを考慮していて, 第1種の距離を無視していることになります.

(**例76.3**) (例76.1)にもとづいて, 第1種の距離の2乗と第2種の距離の2乗を計算します. まず, 第1種の距離で用いるR^+は次のようになります.

$$R^+ = \frac{1}{\lambda_1} \boldsymbol{w}_1 \boldsymbol{w}_1^T + \frac{1}{\lambda_2} \boldsymbol{w}_2 \boldsymbol{w}_2^T = \frac{1}{25} \begin{pmatrix} 28 & 2\sqrt{3} & -22 \\ 2\sqrt{3} & 4 & 2\sqrt{3} \\ -22 & 2\sqrt{3} & 28 \end{pmatrix} \tag{76.16}$$

これより,第1種の距離の2乗として$\widehat{\Delta}_{\mathrm{I}}^2(\boldsymbol{z}) = \boldsymbol{z}^T R^+ \boldsymbol{z}$を計算できます.次に,第2種の距離の2乗は,式(76.6)にもとづいて,以下となります.

$$\widehat{\Delta}_{\mathrm{II}}^2(\boldsymbol{z}) = (\boldsymbol{z}^T \boldsymbol{w}_3)^2 = \frac{1}{5}(z_1 - \sqrt{3}z_2 + z_3)^2 \tag{76.17}$$

(**例 76.4**) (例 76.2)にもとづいて,第1種の距離の2乗と第2種の距離の2乗を計算します.第1種の距離で用いるR^+は次のようになります.

$$R^+ = \frac{1}{\lambda_1} \boldsymbol{w}_1 \boldsymbol{w}_1^T + \frac{1}{\lambda_2} \boldsymbol{w}_2 \boldsymbol{w}_2^T = \frac{1}{3} \begin{pmatrix} 1 & 1 & -0.5 & -0.5 \\ 1 & 1 & -0.5 & -0.5 \\ -0.5 & -0.5 & 1 & 1 \\ -0.5 & -0.5 & 1 & 1 \end{pmatrix} \tag{76.18}$$

これより,第1種の距離の2乗として$\widehat{\Delta}_{\mathrm{I}}^2(\boldsymbol{z}) = \boldsymbol{z}^T R^+ \boldsymbol{z}$を計算できます.次に,第2種の距離の2乗は,式(76.10)と式(76.11)にもとづいて,以下となります.

$$\widehat{\Delta}_{\mathrm{II}}^2(\boldsymbol{z}) = (\boldsymbol{z}^T \boldsymbol{w}_3)^2 + (\boldsymbol{z}^T \boldsymbol{w}_4)^2 = \frac{1}{2}(z_1 - z_2)^2 + \frac{1}{2}(z_3 - z_4)^2 \tag{76.19}$$

Q.77★★ RT 法の計算原理と特徴は何ですか.

A.77 RT 法(Recognition Taguchi method)は田口[7][8]が提案した MT システムの一つの手法です.RT 法は,画素データのような2値データの解析を例として提案されましたが,連続量データに対してもしばしば適用されています.しかし,その場合には注意が必要です.

7) 田口玄一(2006):「目的機能と基本機能(11)」,『品質工学』,14, [2], pp. 5-9.
8) 田口玄一(2006):「目的機能と基本機能(12)」,『品質工学』,14, [3], pp. 5-9.

(1) RT 法の解析手順

まず，RT 法の概略を述べます．単位空間に属する n 個の個体に対して p 項目 $x_1, x_2, \cdots, x_p$ を観測し，表 77.1 に示す単位空間のデータが得られているとします．

表 77.1 単位空間のデータの形式

No.	x_1	x_2	$\cdots$	x_p
1	x_{11}	x_{12}	$\cdots$	x_{1p}
2	x_{21}	x_{22}	$\cdots$	x_{2p}
$\vdots$	$\vdots$	$\vdots$	$\ddots$	$\vdots$
n	x_{n1}	x_{n2}	$\cdots$	x_{np}
平均	$\overline{x}_1$	$\overline{x}_2$	$\cdots$	$\overline{x}_p$

項目ごとに平均とそれらの 2 乗和を求めます．

$$\overline{x}_j = \frac{1}{n}\sum_{i=1}^{n}x_{ij} \quad (j=1, 2, \cdots, p) \tag{77.1}$$

$$r = \sum_{j=1}^{p}\overline{x}_j^2 \tag{77.2}$$

No. i のデータ $(x_{i1}, x_{i2}, \cdots, x_{ip})$ より，以下の統計量を求めます $(i=1, 2, \cdots, n)$．

$$L_i = \sum_{j=1}^{p}\overline{x}_j x_{ij} \tag{77.3}$$

$$S_{Ei} = S_{Ti} - S_{\beta i} = \sum_{j=1}^{p}x_{ij}^2 - \frac{L_i^2}{r} \tag{77.4}$$

$$V_{Ei} = \frac{S_{Ei}}{p-1} \tag{77.5}$$

$$Y_{i1} = \frac{L_i}{r} \tag{77.6}$$

$$Y_{i2} = \sqrt{V_{Ei}} \tag{77.7}$$

$$\overline{Y}_1 = \frac{1}{n} \sum_{i=1}^{n} Y_{i1} \tag{77.8}$$

$$\overline{Y}_2 = \frac{1}{n} \sum_{i=1}^{n} Y_{i2} \tag{77.9}$$

$$V_{11} = \frac{1}{n-1} \sum_{i=1}^{n} \left(Y_{i1} - \overline{Y}_1\right)^2 \tag{77.10}$$

$$V_{22} = \frac{1}{n-1} \sum_{i=1}^{n} \left(Y_{i2} - \overline{Y}_2\right)^2 \tag{77.11}$$

$$V_{12} = \frac{1}{n-1} \sum_{i=1}^{n} \left(Y_{i1} - \overline{Y}_1\right)\left(Y_{i2} - \overline{Y}_2\right) \tag{77.12}$$

単位空間内の各個体に対してマハラノビスの距離の2乗を次式で求めます.

$$D_i^2 = \frac{1}{2} \left\{ V_{22}\left(Y_{i1} - \overline{Y}_1\right)^2 - 2V_{12}\left(Y_{i1} - \overline{Y}_1\right)\left(Y_{i2} - \overline{Y}_2\right) + V_{11}\left(Y_{i2} - \overline{Y}_2\right)^2 \right\} \tag{77.13}$$

MT法やMTA法では，マハラノビスの距離を$\Delta^2(\boldsymbol{x})$と表し，その推定量を$\hat{\Delta}^2(\boldsymbol{x})$と表していました．一方，RT法では，マハラノビスの距離といっても，推定対象がはっきりしないので，記述統計的にD^2という記号を使っています．

新たにデータを採取して，同様にしてY_1とY_2を求め，式(77.13)のD^2を求めます．ただし，その計算の際，$\overline{x}_1, \overline{x}_2, \cdots, \overline{x}_p, V_{11}, V_{22}, V_{12}$は**表77.1**からすでに計算した値を用います．新たに計算したD^2が定めておいた閾値を超えるなら，そのデータは単位空間外と判断します．

(2)　RT法の特徴と注意点

RT法を適用する際には，すべての項目の単位が揃っている，ないしはすべての項目が無名数になっている必要があります．項目間で単位が異なると，rやL_iの計算において単位が異なるものを加え合わせることになり，加え合わさった量の意味が不明になるからです．この点については，田口[8]の12.3節の最初に「すべて同一次元のデータ（例えば画素のデータ，時系列のデータな

ど)であるとき」と適用場面が明示されています. そして, 田口[7)8)]では文字認識の問題を例として RT 法が提案されています.

項目の単位が異なる場合には, 無名数化のために, 各変数をその標準偏差で割ることが一つの案として考えられます.

単位空間の i 番目の点を次のように表します $(i=1, 2, \cdots, n)$.

$$\boldsymbol{x}_i=(x_{i1}, x_{i2}, \cdots, x_{ip})^T=(\bar{x}_1+t_{i1}, \bar{x}_2+t_{i2}, \cdots, \bar{x}_p+t_{ip})^T=\boldsymbol{m}+\boldsymbol{t}_i \quad (77.14)$$

$\boldsymbol{m}$ は各項目の平均を並べたベクトルなので, $\boldsymbol{t}_i(i=1, 2, \cdots, n)$ の平均 $\bar{\boldsymbol{t}}$ はゼロベクトルになります. 式 (77.14) を用いると, $r=\boldsymbol{m}^T\boldsymbol{m}$ であるので, 次のようになります.

$$Y_{i1}=\frac{1}{r}\sum_{j=1}^{p}\bar{x}_j x_{ij}=\frac{\boldsymbol{m}^T\boldsymbol{x}_i}{\boldsymbol{m}^T\boldsymbol{m}}=\frac{\boldsymbol{m}^T(\boldsymbol{m}+\boldsymbol{t}_i)}{\boldsymbol{m}^T\boldsymbol{m}}=1+\frac{\boldsymbol{m}^T\boldsymbol{t}_i}{\boldsymbol{m}^T\boldsymbol{m}} \quad (77.15)$$

$$Y_{i2}=\sqrt{\frac{1}{p-1}\left\{\boldsymbol{x}_i{}^T\boldsymbol{x}_i-\frac{(\boldsymbol{m}^T\boldsymbol{x}_i)^2}{\boldsymbol{m}^T\boldsymbol{m}}\right\}}=\sqrt{\frac{1}{p-1}\left\{\boldsymbol{t}_i{}^T\boldsymbol{t}_i-\frac{(\boldsymbol{m}^T\boldsymbol{t}_i)^2}{\boldsymbol{m}^T\boldsymbol{m}}\right\}} \quad (77.16)$$

また, $\bar{\boldsymbol{t}}=\boldsymbol{0}$ なので,

$$\overline{Y}_1=\frac{1}{n}\sum_{i=1}^{n}Y_{i1}=\frac{1}{n}\sum_{i=1}^{n}\left(1+\frac{\boldsymbol{m}^T\boldsymbol{t}_i}{\boldsymbol{m}^T\boldsymbol{m}}\right)=1 \quad (77.17)$$

となります. さらに, $\overline{Y}_2>0$ となることにも注意してください.

式 (77.16) と式 (77.17) より, $Y_{i1}=1$ かつ $Y_{i2}=0$ となる点は $\boldsymbol{t}_i=\boldsymbol{0}$ となる点, すなわち, $\boldsymbol{m}=(\bar{x}_1, \bar{x}_2, \cdots, \bar{x}_p)^T$ に限られます.

RT 法の計算手順の背後には, 次のような考え方があります. 表 77.1 の No.i のデータ $(x_{i1}, x_{i2}, \cdots, x_{ip})$ と各項目の平均値 $(\bar{x}_1, \bar{x}_2, \cdots, \bar{x}_p)$ をペアにし, $(\bar{x}_j, x_{ij})$ $(j=1, 2, \cdots, p)$ とします. そして, $\bar{x}_j$ を説明変数, x_{ij} を目的変数として, 原点を通る比例式を当てはめます. そのとき,

$$\hat{x}_{ij}=\hat{\beta}_i\bar{x}_j=\frac{L_i}{r}\bar{x}_j=Y_{i1}\bar{x}_j \quad (j=1, 2, \cdots, p) \quad (77.18)$$

となります. すなわち, Y_{i1} は原点を通る比例式の傾きです. 一方, 式 (77.7) の Y_{i2} は $(x_{i1}, x_{i2}, \cdots, x_{ip})$ が式 (77.18) の直線からの乖離度合(残差の大きさ)を表しています. このように, RT 法では, p 項目の各サンプル $(x_{i1}, x_{i2}, \cdots, x_{ip})$ を

(Y_{i1}, Y_{i2})という2変数に集約するというアイデアにもとづいています.

　もし，$(x_{i1}, x_{i2}, \cdots, x_{ip})$のうち$x_{ip}$の値が残りの$p-1$個の値より非常に大きいとします．すると，式(77.18)の回帰式は，原点と$(\bar{x}_p, x_{ip})$の2点からほぼ定まってしまいます.

　さらに，式(77.13)で定義したRT法におけるマハラノビスの距離の2乗は，次のような性質をもちます．式(77.14)のようにデータ点を$\boldsymbol{x}=(x_1, x_2, \cdots, x_p)^T=\boldsymbol{m}+\boldsymbol{t}$と表します(表77.1のデータでも，将来判定するためのデータでもかまいません)．単位空間の中心位置のデータに対しては$\boldsymbol{t}=\boldsymbol{0}$なので$Y_1=1, Y_2=0$となり，式(77.13)より$D^2=(1/2)V_{11}\overline{Y}_2^2(>0)$となります．一方，$Y_1=1, Y_2=\overline{Y}_2$となるような$\boldsymbol{t}$を選ぶと，式(77.17)にも注意して，点$\boldsymbol{m}+\boldsymbol{t}$のマハラノビスの距離の2乗は$D^2=0$となります．つまり，RT法で用いるマハラノビスの距離の2乗は，単位空間の中心位置で正の値をとり，中心位置から離れるにつれて減少していったんゼロとなり，その後，増加するという性質をもちます.

　このような性質は，連続量のデータに対して，新たなデータが単位空間に属するかどうかを判定する際にミスリーディングとなる可能性を意味します．判定システムで用いる距離は単位空間の中心位置では最小となるべきだからです．ただし，これは項目数があまり大きくない場合の話です．項目数が非常に大きい場合(高次元データの場合)，データが中心位置に出現する確率は極めて低くなることが知られています．つまり，中心位置付近にデータが出現するのは，確率的には異常と考えられます．作為的に捏造されたデータかもしれません．そのような状況では，中心付近でマハラノビスの距離の2乗が大きくなるのは，それは逆に良好な特徴といえるかもしれません.

　先に述べたように，田口先生は画素解析を例としてRT法を提案されました．すなわち，田口先生の頭の中では，RT法を高次元データの解析手法として位置付けられていたのかもしれません.

Q.78★★ RT 法の改良手法があると聞きましたが，それはどのようなものですか.

A.78 A.77 で述べたように，RT 法で用いるマハラノビスの距離の 2 乗は，単位空間の中心位置で正の値をとり，中心位置から離れるにつれて減少していったんゼロとなり，その後，増加するという性質をもちます.

MT 法で用いる通常のマハラノビスの距離の 2 乗ではそのようなことは起こりません. 中心位置でゼロとなり，中心位置から離れるについて増加していきます. RT 法のマハラノビスの距離の 2 乗についても，このような性質をもつように改良できます. ここでは，RT 法のアイデアを活かした改良距離を説明します. 2 つの方針から改良距離を定義します.

(1) RT 法におけるマハラノビスの距離の改良 1

永田・土居[9]は，単位空間の中心位置では 0 となり，中心位置から離れるに従って増加していく距離として次式を提案しました.

$$D_i^{\#2} = \frac{1}{2}\left\{V_{22}^{\#}\left(Y_{i1}-\overline{Y}_1\right)^2 - 2V_{12}^{\#}\left(Y_{i1}-\overline{Y}_1\right)Y_{i2} + V_{11}^{\#}Y_{i2}^2\right\} \tag{78.1}$$

$$V_{11}^{\#} = \frac{1}{n}\sum_{i=1}^{n}\left(Y_{i1}-\overline{Y}_1\right)^2 \tag{78.2}$$

$$V_{22}^{\#} = \frac{1}{n}\sum_{i=1}^{n}Y_{i2}^2 \tag{78.3}$$

$$V_{12}^{\#} = \frac{1}{n}\sum_{i=1}^{n}\left(Y_{i1}-\overline{Y}_1\right)Y_{i2} \tag{78.4}$$

式(78.1)～式(78.4)において，その他の記号については A.77 を参照してください.

---

9) 永田靖，土居大地(2009)：「タグチの RT 法で用いる距離の性質とその改良」，『品質』，39，[3]，pp.364-375.

また，自由度$\phi = p - 1$を用いた次の補正も提案しています．

$$DC_i^{\#2} = \frac{1}{2}\left\{ V_{22}^{\#}\left(Y_{i1} - \overline{Y}_1\right)^2 - 2V_{12}^{\#}\sqrt{\phi}\left(Y_{i1} - \overline{Y}_1\right)Y_{i2} + V_{11}^{\#}\phi Y_{i2}^2 \right\} \qquad (78.5)$$

(2)　RT法におけるマハラノビスの距離の改良2

ここで，再び，A.77で述べた単位の問題について考えます．データの事前処理として，表77.1のデータに対して通常の標準化(項目ごとに平均を引き，標準偏差で割る)を行ってもRT法は機能しません．それは，各項目の平均がゼロになり，A.77の式(77.2)の2乗和rがゼロになってしまうからです．

そこで，大久保・永田[10]は，単位の問題を解消するために次のような方法(RT-PC法)を提案しています．Y_1を相関係数行列にもとづく主成分分析(Principal Component Analysis)における第1主成分とします．そして，Y_2を残差の標準偏差(第1主成分を目的変数，標準化後の他の変数を説明変数として回帰式を求めた場合の残差の標準偏差)とします．それ以降はRT法の計算手順ないしは上記の改良手法の計算手順を実行します．

さらに，RT-PC法では第1主成分と残差だけを考えるのに対して，より一般的に，第1主成分と第2主成分と残差というような3変数への集約，そして，それ以上の変数への集約を考慮したRT-PC+法を定式化しています．

Q.79★　誤圧とは何ですか.

A.79 田口[11]は標準化誤圧を提案しました．単に誤圧とも呼ばれています．表79.1に単位空間のデータ形式を示します．

---

10)　大久保豪人，永田靖(2012)：「タグチのRT法における同一次元でない連続量データへの適用方法」，『品質』，42, [2], 248-264.

11)　田口玄一(2000)：「標準化誤圧によるパターン認識(マハラノビスの距離を用いない方法)」，『標準化と品質管理』，53, [3], pp.86-92.

表 79.1　単位空間のデータ形式

No.	x_1	x_2	$\cdots$	x_p
1	x_{11}	x_{12}	$\cdots$	x_{1p}
2	x_{21}	x_{22}	$\cdots$	x_{2p}
$\vdots$	$\vdots$	$\vdots$	$\ddots$	$\vdots$
n	x_{n1}	x_{n2}	$\cdots$	x_{np}
平均	$\overline{x}_1$	$\overline{x}_2$	$\cdots$	$\overline{x}_p$
標準偏差	s_1	s_2	$\cdots$	s_p

表 79.1 にもとづいて，各項目に関して平均と分散を推定します．

$$\hat{\mu}_j = \overline{x}_j = \frac{1}{n}\sum_{i=1}^{n} x_{ij} \quad (j=1,2,\cdots,p) \tag{79.1}$$

$$\hat{\sigma}_j^2 = V_{jj} = \frac{S_{jj}}{n-1} = \frac{1}{n-1}\sum_{i=1}^{n}(x_{ij}-\overline{x}_j)^2 \quad (j=1,2,\cdots,p) \tag{79.2}$$

$$\hat{\sigma}_{j\,MLE}^2 = V_{jj\,MLE} = \frac{S_{jj}}{n} = \frac{1}{n}\sum_{i=1}^{n}(x_{ij}-\overline{x}_j)^2 \quad (j=1,2,\cdots,p) \tag{79.3}$$

表 79.1 の標準偏差は，式(79.2)あるいは式(79.3)の平方根です．これらにもとづき，誤圧は次式のように定義されます．

$$D = \sqrt{\frac{1}{p}\left\{\left(\frac{x_1-\overline{x}_1}{s_1}\right)^2 + \left(\frac{x_2-\overline{x}_2}{s_2}\right)^2 + \cdots + \left(\frac{x_p-\overline{x}_p}{s_p}\right)^2\right\}} \tag{79.4}$$

式(79.4)の$(x_1,x_2,\cdots,x_p)$に表 79.1 の No.i のデータ$(x_{i1},x_{i2},\cdots,x_{ip})(i=1,2,\cdots,n)$を代入すると単位空間における誤圧の値となります．一方，未知データを代入すると，未知データに対する誤圧の値となり，それにもとづき異常かどうかを判定します．そのとき，式(79.4)の平均や標準偏差の値は，表 79.1 から求めた値をそのまま用います．

標準化したベクトルを，

$$\boldsymbol{z} = \left(\frac{x_1-\overline{x}_1}{s_1},\frac{x_2-\overline{x}_2}{s_2},\cdots,\frac{x_p-\overline{x}_p}{s_p}\right)^T \tag{79.5}$$

と表します．このとき，MT 法で用いるマハラノビスの距離の 2 乗の推定量は，A.75 の式(75.1)にあるように，次のように表すことができました．

$$\widehat{\varDelta}^2(\boldsymbol{z})=\boldsymbol{z}^T R^{-1}\boldsymbol{z} \tag{79.6}$$

ここで，Rは標本相関係数行列です．誤圧を定義した式(79.4)の｜｜内の量は式(79.6)のR^{-1}をp次の単位行列I_pに置き換えた量に対応します．すなわち，式(79.4)は，以下のように表すことができます．

$$D=\sqrt{\frac{1}{p}\boldsymbol{z}^T I_p \boldsymbol{z}}=\sqrt{\frac{1}{p}\boldsymbol{z}^T \boldsymbol{z}} \tag{79.7}$$

　式(79.7)は相関を無視した形になっています．したがって，誤圧では多重共線性は生じません．しかし，相関が大きいときに，それを無視すると不適切な結果を生み出します．それを$p=2$の場合に説明します．

　図 79.1(A)にz_1とz_2の相関が大きい場合，図 79.1(B)に相関が小さい場合のイメージ図を示します．両方の図において楕円は MT 法にもとづく閾値，円は誤圧の式(79.7)の$\boldsymbol{z}^T\boldsymbol{z}$にもとづく閾値です．図 79.1(A)の領域$A$は，MT 法では異常と判定されますが，誤圧では正常と判定される領域です．図 79.1(A)の領域Bは，MT 法では正常とされますが，誤圧では異常と判定される領域です．MT 法のほうがデータの分布を正しくとらえているので，領域AとBではいずれも不正確な判定となります．図 79.1(A)のように相関が大きいと領域AとBの面積は大きいですが，図 79.1(B)のように相関が小さくなる

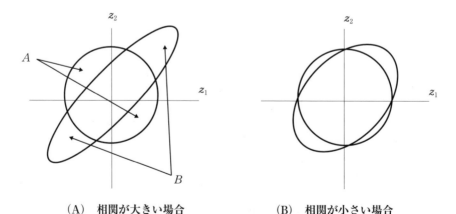

（A）　相関が大きい場合　　　　（B）　相関が小さい場合

図 79.1　マハラノビスの距離と誤圧との比較

と領域AとBの面積は小さくなります.

このように,誤圧は考え方や計算が簡単なだけで,特筆すべきものではありません.しかし,田口[11]では,高次元の画素データを順次分割して誤圧を計算するという方法を提案しています.これは,弱学習機(単独では精度が弱い手法)を多く用いて全体として精度を上げるという昨今の機械学習の考え方に通じるものがあります.

Q.80★★ T法の計算原理と特徴は何ですか.

A.80 田口[12]は,MTシステムの1つの手法としてT法を提案しました.T法は,T法(1),T法(2),T法(3)と分類され,T法(1)は両側T法,T法(2)は片側T法,T法(3)はRT法です.その後,T法(2)の使用場面は少なく,T法(1)を単にT法,T法(3)とはいわずにRT法の名称が使用されるようになっています.本書でも,T法といえば,T法(1)を意味するものとします.

T法は,異常値を検出するMTシステムの他の手法とは異なり,予測を目的とした手法として活用されています.適用されるデータのタイプは重回帰分析と同じ場合が多いため,事例研究を通してT法と重回帰分析との比較がしばしばなされています.

(1) T法の解析手順の概略

まず,T法の概略を述べます.項目(説明変数)の個数をpとし,それらを$x_1, x_2, \cdots, x_p$,出力値(目的変数)をyと表します.できるだけ均質でサンプルサイズが大きいところからa個のサンプルを選択し,単位空間とします.各項目の平均値と出力値の平均値を次のように求め,単位空間の中心位置とします.

$$\bar{x}_j = \frac{1}{a}\sum_{i=1}^{a}x_{ij} \quad (j=1, 2, \cdots, p) \tag{80.1}$$

12)　田口玄一(2005):「目的機能と基本機能(6)」,『品質工学』,13,[3], pp. 5-10.

$$\bar{y}=M_0=\frac{1}{a}\sum_{i=1}^{a}y_i \tag{80.2}$$

　単位空間のデータとして選択されなかった残りのl個のサンプルを信号データと呼びます．信号データの項目をx'，出力値をy'と表します．信号データを式(80.3)と式(80.4)に示すように規準化します．

$$X_{ij}=x'_{ij}-\bar{x}_j \quad (i=1,2,\cdots,l\,;j=1,2,\cdots,p) \tag{80.3}$$

$$M_i=y'_i-M_0 \quad (i=1,2,\cdots,l) \tag{80.4}$$

　規準化したデータにもとづき，以下の式(80.5)～式(80.11)を用いて，項目$j\,(j=1,2,\cdots,p)$に対する比例定数$\hat{\beta}_j$と SN 比η_jを算出します．

$$r=\sum_{i=1}^{l}M_i^2 \tag{80.5}$$

$$\hat{\beta}_j=\frac{1}{r}\sum_{i=1}^{l}M_iX_{ij} \tag{80.6}$$

$$S_{Tj}=\sum_{i=1}^{l}X_{ij}^2 \tag{80.7}$$

$$S_{\beta j}=\frac{1}{r}\Big(\sum_{i=1}^{l}M_iX_{ij}\Big)^2 \tag{80.8}$$

$$V_{Ej}=\frac{1}{l-1}\,(S_{Tj}-S_{\beta j}) \tag{80.9}$$

$$\eta_j=\begin{cases}\dfrac{S_{\beta j}-V_{Ej}}{rV_{Ej}} & (S_{\beta j}>V_{Ej}\text{のとき}) \\[2mm] 0 & (S_{\beta j}\le V_{Ej}\text{のとき})\end{cases} \tag{80.10}$$

　項目ごとの出力の推定値$\widehat{M}_{ij}=X_{ij}\big/\hat{\beta}_j$を式(80.10)の$\eta_j$を用いて重み付け統合し，総合推定値$\widehat{M}_i$を次のように算出します．

$$\widehat{M}_i=\frac{\displaystyle\sum_{j=1}^{p}\eta_j\widehat{M}_{ij}}{\displaystyle\sum_{j=1}^{p}\eta_j}=\frac{\displaystyle\sum_{j=1}^{p}\eta_jX_{ij}\big/\hat{\beta}_j}{\displaystyle\sum_{j=1}^{p}\eta_j} \tag{80.11}$$

　推定精度の評価のために，各サンプルの実測値$M_1, M_2, \cdots, M_l$と総合推定値$\widehat{M}_1, \widehat{M}_2, \cdots, \widehat{M}_l$にもとづき，式(80.12)～式(80.15)より総合推定の SN 比η_Mを計算します．

$$S_{TM}=\sum_{i=1}^{l}\widehat{M}_i^{\,2} \tag{80.12}$$

$$S_{\beta M}=\frac{L_M^2}{r}=\frac{\left(\sum_{i=1}^{l}M_i\widehat{M}_i\right)^2}{r} \tag{80.13}$$

$$V_{EM}=\frac{1}{l-1}\left(S_{TM}-S_{\beta M}\right) \tag{80.14}$$

$$\eta_M=10\log_{10}\left(\frac{S_{\beta M}-V_{EM}}{rV_{EM}}\right) \tag{80.15}$$

式(80.11)に式(80.2)を加えると，規準化前のデータの線形予測式となります．

$$\widehat{y}'_i=\widehat{M}_i+\bar{y}=\frac{1}{\sum_{j=1}^{p}\eta_j}\sum_{j=1}^{p}\frac{\eta_j}{\widehat{\beta}_j}(x'_{ij}-\bar{x}_j)+\bar{y} \tag{80.16}$$

新たなデータとして$(x'_{\#1}, x'_{\#2}, \cdots, x'_{\#p})$が得られたとき，これらの値を式(80.16)の$(x'_{i1}, x'_{i2}, \cdots, x'_{ip})$に代入すれば予測値$\widehat{y}'_{\#}$が求まります．

(2) T法の特徴
以下では4つの観点からT法の特徴を述べます．

(A) 単位空間について
MTシステムの各手法と同様，T法についても単位空間の設定を基本としています．しかし，T法を適用するデータにおいては，しばしば，単位空間のデータと信号データとの分割が容易ではありません．また，単位空間のサンプルサイズaを大きくすると，信号データが少なくなります．単位空間のデータは各項目と出力値の平均を求めるためにだけ使用するので，単位空間のサンプルサイズは1($a=1$)でもよいとされています．

この考え方によりT法の活用場面が広がったと考えられます．それに対して，$a=1$として適用することにより，T法において単位空間という概念は薄くなりました．

(B)　多重共線性について

重回帰分析において多重共線性の問題が生じるのは次の場合です.

①　説明変数(項目)間に線形関係が成立する場合

②　サンプルサイズが説明変数の個数以下の場合

これらを区別した議論が大切です.

①の場合,重回帰分析では,多重共線性を引き起こしている複数の説明変数を特定し,そのなかからいくつかの説明変数を削除すればよいです.仮に重要な説明変数を解析対象から外しても,この線形関係を用いると,外した説明変数と重回帰式とを関係づけられます.それに対して,T法では「項目間の相関が強い場合には,結果の信頼性に問題が生じる」という弱点が現れます.例えば,項目が3つあり,最初の2つの項目間に$x_1 = cx_2$(cは定数で,$c \neq 0$)の関係があるとき,$\eta_1 = \eta_2$, $\widehat{M}_{i1} = \widehat{M}_{i2}$などが成り立ちます.これより,式(80.11)の総合推定値は,

$$\widehat{M}_i = \frac{\eta_1 \widehat{M}_{i1} + \eta_2 \widehat{M}_{i2} + \eta_3 \widehat{M}_{i3}}{\eta_1 + \eta_2 + \eta_3} = \frac{2\eta_1 \widehat{M}_{i1} + \eta_3 \widehat{M}_{i3}}{2\eta_1 + \eta_3} \tag{80.17}$$

となります.式(80.17)の中央の式ではすべての項目が取り込まれた形になっていて,一見解釈がしやすいように見えますが,実質的には,右辺に示すように第1項目を二重カウントしたものに他なりません.このように,相関が強いときにT法を用いると,すべての項目を取り込めているように見えるものの,相関の強い項目を過大評価した予測式が得られてしまいます.

一方,②への対処は難しいです.説明変数のもつ情報をある程度捨てなければ解析ができないからです.重回帰分析では,線形関係が成り立っていなくても,いくつかの説明変数を解析から除外しなければなりません.それに対して,T法では,項目間の相関を最初から無視しているので解析は可能です.

重回帰分析を拡張した手法としてリッジ回帰やlasso回帰(機械学習の代表的な手法の一つ)などがあります.これらを用いても対応できます.

(C)　予測式における項目の係数について

　重回帰分析では，説明変数間の相関構造により，ある説明変数の係数の値（偏回帰係数）が他の変数の追加・削除により，しばしば大きく変化します．さらに，他の変数の追加・削除により偏回帰係数の符号が変化することもあります．これは解析者にとって奇妙に見えますが，相関構造を適切に利用しているからそのような現象が生じています．

　一方，T法の予測式における各項目の係数は式(80.16)より $\eta_j\big/\left(\hat{\beta}_j\sum_{j=1}^{p}\eta_j\right)$ なので，他の項目の追加・削除によりその係数の値自体は変化しますが，その係数の符号は変化しません．

(3)　評価指標について

　重回帰分析では，最小2乗法により残差平方和 RSS (Residual Sum of Squares) を最小化します．T法の場合，RSS は，式(80.2)と式(80.16)に注意すると次のように表すことができます．

$$RSS=\sum_{i=1}^{l}\left(y'_i-\hat{y'_i}\right)^2=\sum_{i=1}^{l}\left\{(M_i+\bar{y})-\left(\widehat{M_i}+\bar{y}\right)\right\}^2=\sum_{i=1}^{l}\left(M_i-\widehat{M_i}\right)^2 \quad (80.18)$$

重回帰分析では，評価指標として，これと関連する寄与率や自由度調整済寄与率などを用います．

　それに対して，T法では，式(80.15)に示した総合推定の SN 比を用います．この量を考えるために，まず，式(80.6)と式(80.11)を用いて，

$$L_M=\sum_{i=1}^{l}M_i\widehat{M_i}=\frac{\sum_{j=1}^{p}\eta_j\sum_{i=1}^{l}M_iX_{ij}\big/\hat{\beta}_j}{\sum_{j=1}^{p}\eta_j}=r \quad (80.19)$$

となることに注意してください．次に，式(80.13)に式(80.19)を代入すると，

$$S_{\beta M}=\frac{L_M^2}{r}=r \quad (80.20)$$

が成り立ちます．さらに，式(80.18)より，式(80.19)と式(80.20)にも注意して，

$$RSS = \sum_{i=1}^{l} \widehat{M}_i^2 - 2\sum_{i=1}^{l} M_i \widehat{M}_i + \sum_{i=1}^{l} M_i^2 = \sum_{i=1}^{l} \widehat{M}_i^2 - r = S_{TM} - S_{\beta M} \qquad (80.21)$$

が成り立ちます．これと式(80.14)より $RSS = (l-1)V_{EM}$ となります．したがっ
て，式(80.15)の対数の中身は，

$$\frac{S_{\beta M} - V_{EM}}{rV_{EM}} = \frac{1}{V_{EM}} - \frac{1}{r} = \frac{l-1}{RSS} - \frac{1}{r} \qquad (80.22)$$

となります．式(80.15)と式(80.18)は異なる評価指標のように見えますが，
RSSの最小化と総合SN比の最大化は同値の関係となります．

　重回帰分析ではRSSを最小にする予測式を導くので，重回帰分析のときの
RSSの値は，T法で求めた予測式のRSSより常に小さくなります．ただ，この
事実が「重回帰分析のほうがT法よりも優れている」を意味するわけではあ
りません．田口[13]が「回帰式をあてはめることは，よく合うように回帰式を作
る．その回帰式はそのデータによく当てはまるが，他の別のデータによくあて
はまり役立つことにはならない」と述べているように，T法はRSSの最小化を
目指す手法ではありません．別のデータの予測精度の向上を意図して開発され
ています．したがって，予測精度が本当に向上しているのかどうかが検討課題
となります．この観点は，昨今の機械学習の手法の評価でも強調されています．

Q.81★★　T法の計算はどのような根拠にもとづいているのですか．

A.81 田口[14]のQ&AのA.6-12には次の記述があります．

　「一つひとつの項目では比例式$x = \beta M$を求めて，$M_1, M_2, \cdots, M_l$の推定を次式
で行う．$\widehat{M}_i = x/\beta$　それを総合している．はかりでいろいろな質量を総合する
のと同じである．」

　これは，次のように解釈できます．p個のはかり（p個の項目）が存在し，l種

13)　田口玄一(2005):「目的機能と基本機能(5)」,『品質工学』, 13, [2], pp.6-10.
14)　田口玄一(2005):「目的機能と基本機能(6)」,『品質工学』, 13, [3], pp.5-10.

類の重り(信号)を用意します. i番目の重りの真値をM_iとし, それをj番目のは
かりで測るときの測定値をX_{ij}と置くとき,

$$X_{ij}=\beta_j M_i+\varepsilon_{ij} \qquad E(\varepsilon_{ij})=0 \qquad V(\varepsilon_{ij})=\sigma_j^2$$
$$(i=1, 2, \cdots, l\,;\, j=1, 2, \cdots, p) \tag{81.1}$$

というモデルを想定できます. 各はかりの精度が異なる可能性があるので, 誤
差ε_{ij}の分散σ_j^2にはjの添え字を付けて, はかりにより分散の違いを考慮してい
ます.

式(81.1)のモデルのもとで, 最小2乗法によりT法の計算手順に示した統
計量が得られます. また, $\hat{\sigma}_j^2=V_{Ej}\,(j=1, 2, \cdots, p)$です. そして, T法における
SN比η_jは, 式(81.1)のβ_jの絶対値の大きさとσ_j^2の小ささを同時に測定してい
ます. 各はかりから求めた推定値をそのSN比で重み付けして統合しているの
が総合推定値になります.

一方, 重回帰分析では, 一般に次のようなモデルを想定します.

$$M_i=\alpha_0+\alpha_1 X_{i1}+\alpha_2 X_{i2}+\cdots+\alpha_p X_{ip}+\varepsilon_i \qquad E(\varepsilon_i)=0 \qquad V(\varepsilon_i)=\sigma^2$$
$$(i=1, 2, \cdots, l) \tag{81.2}$$

式(81.1)と式(81.2)では, 項目と信号の因果の関係が逆になっています. し
たがって, 本来は, T法と重回帰分析とは適用する場面が異なるはずです.
しかし, どちらの手法を用いても, 信号Mを予測できるので, 背後にあるモ
デルの違いには配慮されずに, 重回帰分析と同じデータ形式に対してもT法
が用いられてきたのだと考えられます.

なお, 式(81.1)のもとでは項目間に必然的に相関が生じることに注意してく
ださい. その相関は, 式(81.1)の誤差分散σ_j^2が小さくなればなるほど, 大きく
なります.

Q.82★★ T法の改良手法があると聞きました. それはどのような手法なのでしょうか.

A.82 単位空間のサンプルサイズを 1 とする場合，出力値が概ね中心位置に
ある一つのデータを単位空間のサンプルとして選ぶことになりますが，そのサ
ンプルの選択に恣意性が入る可能性があります．また，出力値が中心位置に
あっても，そのサンプルにおけるすべての項目値も中心位置にあるとは限りま
せん．そのような項目については，原点を通る直線の当てはめに無理が生じる
かもしれません．実際，規準化を行う前は原点を通る直線が当てはまっている
にもかかわらず，規準化により原点を通らない直線を当てはめてしまうと，規
準化によって SN 比を下げてしまいます．そして，その可能性は，項目数が多
くなるほど高まります．

ここでは，このようなことを配慮して，稲生ら[15] が提案した，予測力の高く
なる改良手法を 2 種類解説します．

(1) 改良手法 1(Ta 法)

単位空間を設定せずに，すべてのデータを信号データと考えます．そして，
すべてのデータ(サンプルサイズを n とします)より各項目と出力値の平均を次
のように求めます．

$$\bar{x}'_j = \frac{1}{n}\sum_{i=1}^{n} x'_{ij} \quad (j=1, 2, \cdots, p) \tag{82.1}$$

$$\bar{y}' = M_0 = \frac{1}{n}\sum_{i=1}^{n} y'_i \tag{82.2}$$

これらの平均を用いて次のように規準化します．

$$X_{ij} = x'_{ij} - \bar{x}'_j \quad (i=1, 2, \cdots, n\,; j=1, 2, \cdots, p) \tag{82.3}$$

$$M_i = y'_i - M_0 \quad (i=1, 2, \cdots, n) \tag{82.4}$$

これ以降の計算手順はオリジナルの T 法(A.80)と同じです．ここでは，
A.80 の式(80.6)と同様に求めた比例定数を $\hat{\beta}_{aj}$，式(8.10)と同様に求めた SN
比を η_{aj} と表します($j=1, 2, \cdots, p$)．

---

15) 稲生淳介，永田靖，堀田慶介，森有紗(2012):「タグチの T 法およびその改良手法
と重回帰分析の性能比較」,『品質』, 42, [2], pp. 265-277.

このようにすれば，各項目に対して原点を通る比例式を当てはめることができます．この方法を「全データの平均で規準化する方法（Ta法）」と呼びます．Ta法による予測式は以下のようになります．

$$\hat{y}'_i = \widehat{M}_i + \bar{y}' = \frac{1}{\sum\limits_{j=1}^{p} \eta_{aj}} \sum\limits_{j=1}^{p} \frac{\eta_{aj}}{\hat{\beta}_{aj}} \left(x'_{ij} - \bar{x}'_j \right) + \bar{y}' \tag{82.5}$$

(2) 改良手法2（Tb法）

項目ごとに式(82.1)を当てはめる際，「原点を通ること」ではなく，「直線性の当てはめの向上」を期待して，以下では次のような計算方法を考えます．

基本的なアイデアは，各項目に対して規準化後のSN比が最大となるサンプルを求め，そのサンプルの値を用いて規準化するというものです．

Ta法の場合と同様に，単位空間を設定せず，すべてが信号データと考えます．まず，項目1に対して，t番目のサンプルを用いて，

$$X_{i1}(t) = x'_{i1} - x'_{t1} \quad (i=1, 2, \cdots, n) \tag{82.6}$$

$$M_i(t) = y'_i - y'_t \quad (i=1, 2, \cdots, n) \tag{82.7}$$

と規準化します．これらより，オリジナルのT法と同じ計算を行ってSN比を求め，$\eta_1(t)$と置きます．tを1〜nまで動かして$\eta_1(t)$が最大となるtの値をt_1^*と置き，$t=t_1^*$のサンプルの値を用いて項目1と出力値のデータを規準化します．式(82.6)と式(82.7)より$(X_{i1}(t_1^*), M_i(t_1^*))$ $(i=1, 2, \cdots, n)$が得られます．これらの値を用いて比例定数とSN比を求め，それぞれ$\hat{\beta}_1(t_1^*)$, $\eta_1(t_1^*)$と表します．

第2項目以降も同様に規準化後のデータ$(X_{ij}(t_j^*), M_i(t_j^*))$ $(i=1, 2, \cdots, n; j=2, 3, \cdots, p)$を用いて$\beta_j(t_j^*)$と$\eta_j(t_j^*)$ $(j=2, 3, \cdots, p)$を求めます．

そして，予測式として次式を用います．

$$\hat{y}'_i = \frac{1}{\sum\limits_{j=1}^{p} \eta_j(t_j^*)} \sum\limits_{j=1}^{p} \eta_j(t_j^*) \left\{ \frac{x'_{ij} - x'_{t_j^* j}}{\hat{\beta}_j(t_j^*)} + y'_{t_j^*} \right\} \tag{82.8}$$

項目ごとに規準化するサンプルの番号$t_1^*, t_2^*, \cdots, t_p^*$は互いに異なる可能性があります．そして，これらが異なるほど，T法との違いが大きくなります．

このような計算方法を「項目ごとに規準化する最適サンプルを選ぶ方法(Tb法)」と呼びます.

(3)　予測精度の比較

稲生ら[15]は重回帰分析，T法，Ta法，Tb法について，予測精度の比較を行っています．シミュレーションモデルとしては次の2種類を考えています.

① モデル(A)：線形重回帰モデル

$$y'_i = b_1 x'_{i1} + b_2 x'_{i2} + \cdots + b_p x'_{ip} + \varepsilon_i \quad (i=1, 2, \cdots, n) \tag{82.9}$$

② モデル(B)：T法の背後に想定されるモデル

$$x'_{ij} = a_j y'_i + \varepsilon_{ij} \quad (i=1, 2, \cdots, n\,; j=1, 2, \cdots, p) \tag{82.10}$$

モデル(B)の意味については A.81 を参照してください.

ほとんどすべての場合に，Ta法，Tb法の予測精度がT法を上回っています．それは冒頭に述べた理由によるものと考えられます．Tb法のほうがTa法よりも多くの場合，精度が良いですが，逆転することもあります.

モデル(A)を想定した場合，サンプルサイズnが項目数pよりも十分大きいなら，Ta法，Tb法と比較すると重回帰分析の精度がよいですが，nがpに近づいてくると重回帰分析の精度は悪くなります.

モデル(B)を想定した場合，サンプルサイズにかかわらず，Ta法，Tb法が重回帰分析よりも精度が良くなります.

Q.83★　変数の単位の違いに気を付けるようにしばしば言われていますが，どういうことか教えてください.

A.83 変数の単位の違いには常に注意する必要があります．例えば，3＋4＝7という計算は，3と4の単位が同じであるか無名数ないしは無次元数(単位のない数)の場合に意味をもちます．もし，部品Aの長さが3mmであり，部品Bの重さが4gだったとしましょう．そのとき，3(mm)＋4(g)＝7と計算して

も，7が何を意味するのか不明です．特に多変量解析法やMTシステムでは，複数の変数が登場するので，このような注意が必要です．

以下では，具体的な手法について検討します．

(1)　平均，分散，標準偏差

サンプルサイズをnとして，ある部品の長さ（単位：mm）を測定したデータを$x_1, x_2, \cdots, x_n$とします．このとき，$\bar{x}=\sum_{i=1}^{n}x_i/n$の単位は mm，平方和$S_{xx}=\sum_{i=1}^{n}(x_i-\bar{x})^2$の単位はmm²です．したがって，分散$V_{xx}=S_{xx}/(n-1)$の単位はmm²であり，標準偏差$s_x=\sqrt{V_{xx}}$の単位は$\sqrt{\text{mm}^2}=\text{mm}$となります．

標準偏差は個々のデータや平均と同じ単位になるので，$\bar{x}\pm 3s_x$（3シグマのルール）といった計算が意味をもちます．

(2)　標準化，相関係数

標準化とは，各データから平均を引き，標準偏差で割るという操作でした．単位について考えると次のようになります．

$$z_i=\frac{x_i-\bar{x}}{s_x} : \frac{\text{mm}}{\text{mm}}=無名数（無次元数）\tag{83.1}$$

すなわち，単位が約分されて消え去り，標準化した値は無名数になります．

次に，2変数の場合を考えます．xは長さ（単位：mm），yは重さ（単位：g）とします．n組のデータ$(x_i, y_i)(i=1, 2, \cdots, n)$があるとします．このとき，$x$の平方和$S_{xx}$の単位はmm²であり，$y$の平方和$S_{yy}$の単位はg²です．また，偏差積和$S_{xy}=\sum_{i=1}^{n}(x_i-\bar{x})(y_i-\bar{y})$の単位はmm・gとなります．したがって，相関係数の単位は次のように無名数になります．

$$r=\frac{S_{xy}}{\sqrt{S_{xx}S_{yy}}} : \frac{\text{mm}\cdot\text{g}}{\sqrt{\text{mm}^2\text{g}^2}}=無名数\tag{83.2}$$

(3)　MT法

MT法では，単位空間のマハラノビスの距離にもとづいて異常値かどうかの

判定をします．マハラノビスの距離の2乗の推定量は，**A.69**で示したように，

$$\widehat{\Delta}^2(\boldsymbol{x})=(\boldsymbol{x}-\widehat{\boldsymbol{\mu}})^T\widehat{\Sigma}^{-1}(\boldsymbol{x}-\widehat{\boldsymbol{\mu}}) \tag{83.3}$$

という形でした．式(83.3)は，**A.75**で述べたように，標準化した変数ベクトル$\boldsymbol{z}$と標本相関係数行列Rを用いて，

$$\widehat{\Delta}^2(\boldsymbol{z})=\boldsymbol{z}^T R^{-1}\boldsymbol{z} \tag{83.4}$$

と表すことができます．式(83.4)は無名数しか含みませんから，MT法では，変数間で単位が異なっていても，安心して解析することができます．

(4) RT法

RT法では，各変数の平均$\overline{x}_j\,(j=1,2,\cdots,p)$を求めた後，

$$r=\sum_{j=1}^{p}\overline{x}_j^2 \tag{83.5}$$

という計算を行い，さらに，No.iのデータ$(x_{i1},x_{i2},\cdots,x_{ip})$より，次の統計量を求めます$(i=1,2,\cdots,n)$．

$$L_i=\sum_{j=1}^{p}\overline{x}_j x_{ij} \tag{83.6}$$

もし，変数間で単位が異なれば，式(83.5)や式(83.6)において単位が異なる量を足し合わせることになり，計算結果が不明な量になってしまいます．したがって，すべての変数の単位が同じであるか，各変数をその変数の標準偏差で割るなどして無名数にした後に，RT法を適用する必要が生じます．

(5) T法

T法について考えてみましょう．ここでは，簡便のため，項目はx_1,x_2の2つとし，出力値をyと表します．x_1の単位はmm，x_2の単位はg，yの単位は円（値段）とします．すなわち，項目間で単位がすべて異なる場合を考えます．

A.80で述べた手順に沿って，順に単位を確認します．

$$\overline{x}_1\text{の単位：mm} \qquad \overline{x}_2\text{の単位：g} \qquad \overline{y}\text{の単位：円} \tag{83.7}$$

$$X_{i1}=x'_{i1}-\overline{x}_1 \text{の単位：mm} \qquad X_{i2}=x'_{i2}-\overline{x}_2 \text{の単位：g} \qquad (83.8)$$

$$M_i=y'_i-M_0 \text{の単位：円} \qquad (83.9)$$

$$r=\sum_{i=1}^{l}M_i^2 \text{ の単位：円}^2 \qquad (83.10)$$

$$\widehat{\beta}_1=\frac{1}{r}\sum_{i=1}^{l}M_iX_{i1} \text{ の単位：}\frac{\text{円・mm}}{\text{円}^2}=\frac{\text{mm}}{\text{円}} \qquad (83.11)$$

$$\widehat{\beta}_2=\frac{1}{r}\sum_{i=1}^{l}M_iX_{i2} \text{ の単位：}\frac{\text{円・g}}{\text{円}^2}=\frac{\text{g}}{\text{円}} \qquad (83.12)$$

$$S_{T1}=\sum_{i=1}^{l}X_{i1}^2 \text{ の単位：mm}^2 \qquad S_{T2}=\sum_{i=1}^{l}X_{i2}^2 \text{ の単位：g}^2 \qquad (83.13)$$

$$S_{\beta 1}=\frac{1}{r}\left(\sum_{i=1}^{l}M_i X_{i1}\right)^2 \text{ の単位：}\frac{(\text{円・mm})^2}{\text{円}^2}=\text{mm}^2 \qquad (83.14)$$

$$S_{\beta 2}=\frac{1}{r}\left(\sum_{i=1}^{l}M_i X_{i2}\right)^2 \text{ の単位：}\frac{(\text{円・g})^2}{\text{円}^2}=\text{g}^2 \qquad (83.15)$$

$$V_{E1}=\frac{1}{l-1}(S_{T1}-S_{\beta 1}) \text{の単位：mm}^2 \qquad (83.16)$$

$$V_{E2}=\frac{1}{l-1}(S_{T2}-S_{\beta 2}) \text{の単位：g}^2 \qquad (83.17)$$

$$\eta_1=\frac{S_{\beta 1}-V_{E1}}{rV_{E1}} \text{の単位：}\frac{\text{mm}^2}{\text{円}^2\cdot\text{mm}^2}=\frac{1}{\text{円}^2} \qquad (83.18)$$

$$\eta_2=\frac{S_{\beta 2}-V_{E2}}{rV_{E2}} \text{の単位：}\frac{\text{g}^2}{\text{円}^2\cdot\text{g}^2}=\frac{1}{\text{円}^2} \qquad (83.19)$$

$$\widehat{M}_{i1}=\frac{X_{i1}}{\widehat{\beta}_1} \text{の単位：}\frac{\text{mm}}{\text{mm/円}}=\text{円} \qquad (83.20)$$

$$\widehat{M}_{i2}=\frac{X_{i2}}{\widehat{\beta}_2} \text{の単位：}\frac{\text{g}}{\text{g/円}}=\text{円} \qquad (83.21)$$

$$\widehat{M}_i=\frac{\eta_1\widehat{M}_{i1}+\eta_2\widehat{M}_{i2}}{\eta_1+\eta_2} \text{の単位：}\frac{(1/\text{円}^2)\text{円}}{1/\text{円}^2}=\text{円} \qquad (83.22)$$

　以上のようにT法の場合には，項目間の単位が異なっていても，式(83.22)の総合推定値の単位は出力値の単位と一致し，すべてにおいて整合がとれています．

　ただ，注意しなければならないのは，式(83.22)を，

$$\widehat{M}_i = \frac{\eta_1 \widehat{M}_{i1} + \eta_2 \widehat{M}_{i2}}{\eta_1 + \eta_2} = \frac{\eta_1}{\eta_1 + \eta_2} \cdot \frac{1}{\widehat{\beta}_1} X_{i1} + \frac{\eta_2}{\eta_1 + \eta_2} \cdot \frac{1}{\widehat{\beta}_2} X_{i2} \qquad (83.23)$$

と表したとき，X_{i1}とX_{i2}の係数の単位は次のようになる点です．

$$\frac{\eta_1}{\eta_1 + \eta_2} \cdot \frac{1}{\widehat{\beta}_1} の単位：\frac{1/円^2}{1/円^2}\frac{円}{mm} = \frac{円}{mm} \qquad (83.24)$$

$$\frac{\eta_2}{\eta_1 + \eta_2} \cdot \frac{1}{\widehat{\beta}_2} の単位：\frac{1/円^2}{1/円^2}\frac{円}{g} = \frac{円}{g} \qquad (83.25)$$

つまり，X_{i1}とX_{i2}の係数の単位は異なるので，係数の値の大小を比較してどちらの項目のほうが出力値に対して影響力が強いのかを考察しても意味はありません．この点は，重回帰分析の場合と同様です．

　重回帰分析の場合，目的変数とすべての説明変数を標準化して，最小2乗法を適用すると，無名数の偏回帰係数が得られます．これを標準偏回帰係数と呼びます．T法の場合も，すべての項目と出力値を標準化すれば，無名数の係数を得ることができます．

第5章
損失関数

Q.84★★ 許容差設計でのグレード選択について教えてください.

A.84 いま，ある制御因子(例えば固定抵抗 A)の実現値を x とし，システムの出力 y に対するその単回帰係数を β とします． x の分散を σ_x^2 とすれば， x の変動によって引き起こされる y の分散 σ_y^2 は，

$$\sigma_y^2 = \beta^2 \sigma_x^2 \qquad (84.1)$$

です． β^2 をできるだけ小さくする作業がパラメータ設計であり，最小化された β^2 のもとで， σ_x^2 をいかなる値にすべきかを決めるのが許容差設計です.

このとき，固定抵抗にいくつかグレードがあり，それによって， σ_x^2 が異なるとします．グレード k での分散を σ_k^2 とします．それを用いたときの出力 y の分散は $\beta^2 \sigma_k^2$ です．すると，グレード k を用いたときの期待損失は，損失関数

$$L(y) = \left(\frac{A_0}{\Delta_0^2}\right)(y-m)^2 \qquad (84.2)$$

の期待値です．ここに m は目標値， Δ_0 は消費者機能限界， A_0 はそこでの損失です．その期待値は， $E(y)=m$ のとき，

$$R_k = \left(\frac{A_0}{\Delta_0^2}\right)\beta^2\sigma_k^2 \tag{84.3}$$

となります.

　一方，グレード k のコストを C_k とします.　そこで，品質による期待損失とコストの和

$$F = R_k + C_k \tag{84.4}$$

が最小になる k を選択しようというのがグレード選択です.

　このとき重要かつ難しいのは，機能限界 Δ_0 とそこでの損失 A_0 を評価する状況でコスト単価を算出することです.　例えば，自社の工場内での抵抗測定に自社製のホイートストンブリッジを用いているとき，工場での計測誤差に対する機能限界とそこで生じる損失を評価します.　このときの期待損失は，1 回ごとの計測で生じる期待損失です.　固定抵抗を購入する場合，その購入価格を計測 1 回当たりに換算する必要があり，それには固定抵抗の耐用寿命や計測頻度に関する情報が必要になります.　このあたりが，理屈の上では合理的なグレード選択を実践するうえでのボトルネックになっていると筆者は考えています.

Q.85★★　損失関数と工程能力指数の関係を教えてください.

A.85 望目特性に対する損失関数は，次のとおりです.

$$L(y) = \left(\frac{A_0}{\Delta_0^2}\right)(y-m)^2 \tag{85.1}$$

ここに，m は y の目標値，Δ_0 は消費者機能限界，A_0 はそこでの損失，と与えられます.　その期待値は，

$$R(m) = \left(\frac{A_0}{\Delta_0^2}\right)\left\{V(y) + (E(y)-m)^2\right\} \tag{85.2}$$

です.　$E(y) = m$，すなわち偏りがないときには，$V(y) = \sigma^2$ として，

$$R(m) = \left(\frac{A_0}{\varDelta_0^2}\right)\sigma^2 \tag{85.3}$$

となり，m の値に依存しません．

一方，両側規格があるときの工程能力指数は，上側規格を S_U，下側規格を S_L としたとき，

$$C_p = \frac{S_U - S_L}{6\sigma} \tag{85.4}$$

で定義されます．いずれも σ^2 の関数なので，数学的には両者は等価です．

C_p の値は，背後に正規分布を仮定して，$C_p = 1$ ならば不良率は 0.26% というように，不良率に対応して評価されることが多いです．よって，「分布形状が異なれば，C_p の値も異なるべきだ」という考え方が一部にあります．しかし，これは誤りです．

極端な例として，正規分布で $C_p = 1$ の場合と，区間 (S_L, S_U) で一様分布している場合を図 85.1 に示します．一様分布での不良率は 0 です．ところが，区間 $[A, B]$ の一様分布の分散は $(B - A)^2/12$ なので，C_p の値は 0.577 と正規分布よりも悪くなってしまいます．

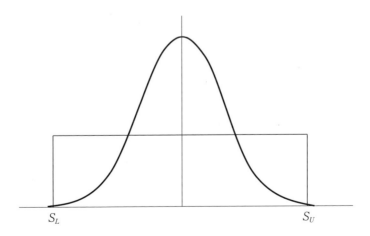

図 85.1　正規分布と一様分布での C_p の比較

　良品でも，目標値ピッタリのものと規格値ギリギリのものでは損失は違って当然です．これが損失関数の根幹をなす思想です．C_pと期待損失が技術的に同等であるには，不良率と対応させないことが肝要です．

Q.86★　タグチの工程能力指数とは何ですか.

A.86 母集団分布として正規分布$N(\mu, \sigma^2)$を想定します．また，下側規格値をS_L，上側規格値をS_Uと表します．よく用いられている工程能力指数は次の4種類です．

- 下側規格値S_Lのみが存在する場合：
$$C_{pL} = \frac{\mu - S_L}{3\sigma} \tag{86.1}$$
- 上側規格値S_Uのみが存在する場合：
$$C_{pU} = \frac{S_U - \mu}{3\sigma} \tag{86.2}$$
- 両側に規格値S_LとS_Uが存在する場合(1)：
$$C_p = \frac{S_U - S_L}{6\sigma} \tag{86.3}$$
- 両側に規格値S_LとS_Uが存在する場合(2)：
$$C_{pk} = \min(C_{pL}, C_{pU}) \tag{86.4}$$

　これらの工程能力指数は日本で提案されました．信頼できる欧米の専門書[1]にそのような記載があります．そして，これらの工程能力指数は世界中で用いられています．

　次に，本題のタグチの工程能力指数C_{pm}について述べます．これは，あまり用いられていません．それは，田口先生ご自身が工程能力指数というもの自体を好んでいなかったからかもしれません．ただ，下記に説明するように，損失関数という概念が加わるので，タグチの工程能力指数と呼ばれているようです．

　上記の4つの工程能力指数に関する前提に加えて，目標値mが設定されてい

---

1) 　Kotz, S. and Lovelace, C. R. (1998): *Process capability indices in theory and practice*, Arnold.

るとします。このとき，タグチの工程能力指数C_{pm}は次のように定義されます。

$$C_{pm} = \frac{S_U - S_L}{6\sqrt{\sigma^2 + (\mu - m)^2}} \qquad (86.5)$$

式(86.5)の分母は，データと目標値の2乗損失関数の期待値

$$\begin{aligned}
E\{(y-m)^2\} &= E\{(y-\mu+\mu-m)^2\} \\
&= E\{(y-\mu)^2\} + (\mu-m)^2 \\
&= \sigma^2 + (\mu-m)^2 \qquad (86.6)
\end{aligned}$$

の平方根の6倍です。

式(86.5)より，C_{pm}は母標準偏差σが大きくなるほど，また，母平均μが目標値mから離れるほど小さくなることがわかります。

式(86.3)と式(86.5)を比較すると，常に$C_p \geq C_{pm}$が成り立ち，$\mu = m$のときに$C_p = C_{pm}$が成り立ちます。

式(86.4)と式(86.5)を比較すると，条件によって大小関係は変化します。特に，$\mu = (S_L + S_U)/2$のときは$C_{pk} = C_p$となるので，このときは$C_{pk} = C_p \geq C_{pm}$の関係が成り立ちます。

Q.87★★ 弊社では，組立品の部品の許容差に交差配分を用いています。これでよいのでしょうか。

A.87 製品特性の規格値が与えられているとき，これを製品に用いられているサブシステムや部品の規格値に展開する方法を考えます。このとき交差配分を用いるのは一般に誤りです。理由を以下に述べます。

例えば，鉄板のプレス工程で，プレス形状寸法の規格が，

$$m \pm 300 \quad [\mu m] \qquad (87.1)$$

で与えられ，規格外れのときの損失が$A_0 = 1{,}200$円であるとします。この形状寸法に影響する下位(部品)特性として，鉄板の硬さと厚さがあります。硬さでも厚さでも規格外れになった鉄板はスクラップされ，その損失が$A = 300$

円とします.

　下位特性の上位特性への影響を定量的に評価する許容差解析で，ある下位特性xの上位特性yへの影響が回帰関係

$$y = m_0 + \beta(x - m_x) \qquad (87.2)$$

と把握されています. m_xはxのねらい値です. ここでは下位特性が2つありますが，影響の把握は下位特性ごとに単回帰分析を行えばよいのです. そして，下位特性の規格値も個々に決めればよいのです.

　この問題のパラメータは，

　　Δ_0：上位特性の許容差

　　A_0：上位特性での規格外れのときの損失

　　A：下位特性での規格外れのときの損失

　　β：下位特性の上位特性に対する単回帰係数

です. これらから，下位特性の許容差Δを合理的に決めます. その考え方は，下位特性でΔ変化したときの，上位特性で発生する損失を，下位特性での規格外れのときの損失に合わせることです. すなわち,

$$\frac{A_0}{\Delta_0^2}\beta^2\Delta^2 = A \qquad (87.3)$$

をΔについて解けばよく，その解は，

$$\Delta = \sqrt{\left(\frac{A}{A_0}\right)}\Delta_0 \Big/ |\beta| \qquad (87.4)$$

です. これが正しい部品許容差の決定方法です.

　さて，ご質問のように，上位特性に影響する下位特性が複数ある場合に，分散の加法性にもとづく交差配分という方法がよく用いられています. いま, k個の下位特性があり，下位特性iの許容差をΔ_i, 上位特性に対する偏回帰係数をβ_iとしたとき,

$$\Delta_0^2 = \beta_1^2\Delta_1^2 + \beta_2^2\Delta_2^2 + \cdots + \beta_k^2\Delta_k^2 \qquad (87.5)$$

を満たすように，$\Delta_1, \Delta_2, \cdots, \Delta_k$を決める方式です. 式(87.5)を満たす配分は一意でないので，下位特性の分散などを考慮して適当に決めるというやり方です.

この方式には，すべての下位特性で各許容差に対して十分な工程能力指数(例えば，$C_p = 1.33$ というレベル)が実現し，その値が下位特性間でほぼ等しければ，上位特性においてもそれと同じ値の工程能力指数が確保されるという統計的根拠があります．しかし，規格外れになったときの処理方法とそれに伴う損失が全く考慮されていません．

　これについて次のような考察ができます．いま，すべての下位特性で式(87.4)によって許容差を求めたとすれば，

$$\beta_i^2 \Delta_i^2 = \left(\frac{A_i}{A_0}\right)\Delta_0^2 \tag{87.6}$$

を満たします．ここに，A_i は下位特性 i で規格外れになったときの損失です．よって，この許容差に対して上記の工程能力指数が実現できれば，上位特性のばらつき範囲 Δ(例えば，$m \pm 4\sigma$)は，分散の加法性より，

$$\Delta^2 = \frac{A_1 + A_2 + \cdots + A_k}{A_0}\Delta_0^2 \tag{87.7}$$

となるはずです．よって，$(A_1 + A_2 + \cdots + A_k) < A_0$ のとき，すなわち，上位特性の規格外れによる損失が下位に比べて大きいときには $\Delta < \Delta_0$ となるので，上位での規格外れはほとんどないことになります．逆に，$(A_1 + A_2 + \cdots + A_k) > A_0$ のとき，すなわち，上位特性で安いコストで手直しや調整ができるときには $\Delta > \Delta_0$ であるので，上位での規格外れが下位よりも出やすくなっていることがわかります．この点において，式(87.4)による許容差の決め方は合理的です．$(A_1 + A_2 + \cdots + A_k) = A_0$ の場合は交差配分と同じ結果になります．交差配分が決定的な誤りになるのは，一昔前に流行ったレンズ付きフィルムのように，上位特性において安いコストで手直しや調整ができる場合です．

第6章
実験計画法全般

Q.88★★ 自由度の厳密な定義を教えてください.

A.88 統計学では，平方和に自由度が常に附随します.

(1) 自由度の厳密な定義

自由度の厳密な定義は，「平方和を2次形式で表したとき，その行列のランク (階数)を自由度という」です.

n次元ベクトル$\boldsymbol{y}=(y_1, y_2, \cdots, y_n)^T$と$n$次の対称行列$A=(a_{ij})$($A$の$(i,j)$要素が$a_{ij}$)に対して，次の量を2次形式と呼びます(**A.65**を参照).

$$\boldsymbol{y}^T A \boldsymbol{y} = \sum_{i=1}^{n}\sum_{j=1}^{n} a_{ij} y_i y_j \tag{88.1}$$

これはスカラー量です．行列のランクとは，一次独立となる行ベクトルの最大 個数，または列ベクトルの最大個数です．両者は一致します.

具体的に考えてみましょう．サンプルサイズがnのデータ$y_1, y_2, \cdots, y_n$に対し て，次の平方和の分解はよく知られています.

$$\sum_{i=1}^{n} y_i^2 = \sum_{i=1}^{n}(y_i - \bar{y})^2 + \frac{1}{n}\left(\sum_{i=1}^{n} y_i\right)^2 \tag{88.2}$$

式(88.2)の各項をベクトルと行列を用いて2次形式で表し，自由度の定義を考えます．まず，式(88.2)の左辺の平方和は，次のように表すことができます．

$$\sum_{i=1}^{n} y_i^2 = (y_1, y_2, \cdots, y_n)\begin{pmatrix} 1 & 0 & \cdots & 0 \\ 0 & 1 & \cdots & 0 \\ \vdots & \vdots & \ddots & \vdots \\ 0 & 0 & \cdots & 1 \end{pmatrix}\begin{pmatrix} y_1 \\ y_2 \\ \vdots \\ y_n \end{pmatrix} = \boldsymbol{y}^T I_n \boldsymbol{y} \tag{88.3}$$

式(88.3)に現れている行列I_nはn次の単位行列であり，そのn個の行ベクトルは一次独立です．すなわち，ランクはn($rank(I_n)=n$)です．したがって，式(88.3)の平方和の自由度はnになります．

次に，式(88.2)の右辺の第1項を2次形式で表すと次のようになります．

$$\sum_{i=1}^{n}(y_i - \bar{y})^2$$
$$= (y_1, y_2, \cdots, y_n)\begin{pmatrix} 1-1/n & -1/n & \cdots & -1/n \\ -1/n & 1-1/n & \cdots & -1/n \\ \vdots & \vdots & \ddots & \vdots \\ -1/n & -1/n & \cdots & 1-1/n \end{pmatrix}\begin{pmatrix} y_1 \\ y_2 \\ \vdots \\ y_n \end{pmatrix}$$
$$= \boldsymbol{y}^T A \boldsymbol{y} \tag{88.4}$$

式(88.4)に現れている行列Aの行ベクトルには，すべてを加えるとゼロベクトルになるという性質があります．すなわち，行ベクトル間で線形制約式が1つ（そしてこの関係だけが）成り立ちます．したがって，ランクが1つ落ちます．すなわち，$rank(A)=n-1$です．これより，式(88.2)の右辺の第1項の平方和の自由度は$n-1$になります．

最後に，式(88.2)の右辺の第2項を2次形式で表すと次のようになります．

$$\frac{1}{n}\left(\sum_{i=1}^{n} y_i\right)^2 = (y_1, y_2, \cdots, y_n)\begin{pmatrix} 1/n & 1/n & \cdots & 1/n \\ 1/n & 1/n & \cdots & 1/n \\ \vdots & \vdots & \ddots & \vdots \\ 1/n & 1/n & \cdots & 1/n \end{pmatrix}\begin{pmatrix} y_1 \\ y_2 \\ \vdots \\ y_n \end{pmatrix}$$

$$= \boldsymbol{y}^T B \boldsymbol{y} \tag{88.5}$$

式(88.5)に現れている行列Bの行ベクトルはすべて同じです．したがって，一次独立な行ベクトルの最大個数は1，すなわち$rank(B)=1$です．これより，式(88.2)の右辺の第2項の平方和の自由度は1になります．

式(88.2)の各平方和の自由度には，式(88.2)と同じ分解式，つまり，$n=(n-1)+1$が成り立っています．

すべての平方和に対して2次形式を表記して，その行列のランクを調べるのは大変です．したがって，「自由度は公式で覚える」という指針が効率的です．

(2)　自由度という言葉を意識したイメージ

自由度を単に公式で覚えるだけでは無味乾燥です．典型的な場合にイメージを摑んでおくのがよいです．いくつか例示しておきましょう．

（例88.1）　式(88.2)の左辺は，ランダムに採取されたデータ$y_1, y_2, \cdots, y_n$の2乗和なので，n個の情報が集約されたと考えて，自由度はnと考えてください．次に，式(88.2)の右辺の第1項の平方和についてです．これはn個の$y_i - \overline{y}$ $(i=1, 2, \cdots, n)$の2乗和ですが，

$$(y_1 - \overline{y}) + (y_2 - \overline{y}) + \cdots + (y_n - \overline{y}) = y_1 + y_2 + \cdots + y_n - n\overline{y} = 0 \tag{88.6}$$

という制約式が成り立つので，情報が1つ減ると考えて，自由度は$n-1$です．最後に，式(88.2)の右辺の第2項の平方和の自由度は，その他の平方和の自由度がすでに求まったので，式(88.2)の分解式に対応させて$n-(n-1)=1$と求まります．

（例88.2）　一元配置分散分析を考えます．因子Aをa水準設定し，各水準の繰り返し数rはすべての水準で共通とします．総実験回数は$n=ar$となります．n回の実験をランダムな順序で行います．得られるデータをy_{ij} $(i=1,2,\cdots,a; j=1,2,\cdots,r)$と表します．このとき，次の平方和の分解が成り立ちます．

$$\sum_{i=1}^{a}\sum_{j=1}^{r}\left(y_{ij}-\overline{\overline{y}}\right)^2 = r\sum_{i=1}^{a}\left(\overline{y}_{i\cdot}-\overline{\overline{y}}\right)^2 + \sum_{i=1}^{a}\sum_{j=1}^{r}\left(y_{ij}-\overline{y}_{i\cdot}\right)^2 \tag{88.7}$$

式(88.7)は，総平方和(S_T)＝A間平方和(S_A)＋誤差平方和(S_E)の分解に対応し

ます.

S_TにはΣの記号が2つ付いていますが,「個々のデータから全体の平均を引いて2乗したものをすべて加える」という内容なので,式(88.2)の右辺の第1項の構造と全く同じです.したがって,これに対応する自由度は$\phi_T=n-1=ar-1(=$ 全データ数 $-1)$となります.この公式は実験計画法の総(偏差)平方和に対して常に成り立ちます.

次に,S_Aについてです.$\bar{y}_{i\cdot}$を個々のデータと考えると,これも式(88.2)の右辺の第1項の構造と同じです.個々のデータと考えた$\bar{y}_{i\cdot}$はa個あるので,$\phi_A=a-1(=$ 水準数 $-1)$となります.この公式も実験計画法のすべての主効果の平方和の自由度として成り立ちます.

最後に,S_Eについてです.$S_T=S_A+S_E$という平方和の分解式が成り立つので,自由度についても同じ分解式を対応させて$\phi_T=\phi_A+\phi_E$と考えることができます.これより$\phi_E=\phi_T-\phi_A=(n-1)-(a-1)=ar-a=a(r-1)$と求まります.

別の考え方として,S_Eに付いている2つのΣの記号のうち,内側の平方和$\sum_{j=1}^{r}(y_{ij}-\bar{y}_{i\cdot})^2$に注目してみましょう.これは,やはり式(88.2)の右辺の第1項の平方和と同じ構造です.これより,この平方和の自由度は$r-1$です.それが,外側のΣの記号でa個分,加え合わさっています.a個の平方和をプーリングしているのと同じです.したがって,S_Eの自由度は$r-1$をa個分,加え合わせればよいので$\phi_E=a(r-1)$となります.すぐ上で自由度の分解式から引き算で求めた結果と同じです.

(例88.3) 繰り返しのある二元配置法の場合を考えてみましょう.2つの因子$A(a$水準$)$と$B(b$水準$)$を考えます.次のような平方和の分解と自由度の分解が成り立ちます.

$$S_T=S_{AB}+S_E=S_A+S_B+S_{A\times B}+S_E \tag{88.8}$$

$$\phi_T=\phi_{AB}+\phi_E=\phi_A+\phi_B+\phi_{A\times B}+\phi_E \tag{88.9}$$

S_{AB}はAB間平方和であり,AとBのすべての水準組合せ(ab通り)を1つの因子と考えたときの一元配置法の要因平方和です.したがって,$\phi_{AB}=ab-1$です.これを,$S_{AB}=S_A+S_B+S_{A\times B}$とさらに分解して分散分析表を作成します.

この分解式を自由度の分解式に対応させ，(例88.2)で述べた主効果の自由度
の公式を適用して，$\phi_{A\times B}$の公式を導いてみましょう．

$$\phi_{A\times B}=\phi_{AB}-\phi_A-\phi_B$$
$$=(ab-1)-(a-1)-(b-1)=(a-1)(b-1)=\phi_A\times\phi_B \qquad (88.10)$$

この公式も実験計画法におけるすべての2因子交互作用の平方和の自由度に
対して成り立ちます．

Q.89★★ カイ2乗分布，t分布，F分布のいずれでも自由度が
登場しますが，関連はあるのでしょうか．

A.89 それぞれの確率分布の定義を理解すると，その関連がわかります．ま
た，本書ではこれらの確率分布がしばしば登場するので，基本的な事項をまと
めておきます．さらに，高度な概念になりますが，非心カイ2乗分布，非心t
分布，非心F分布についても触れます．

(1) カイ2乗分布，t分布，F分布の定義
カイ2乗分布の定義は次のとおりです．

■カイ2乗分布の定義

$u_1, u_2, \cdots, u_\phi$が標準正規分布$N(0,1^2)$に独立に従うとき，
$$\chi^2=u_1^2+u_2^2+\cdots+u_\phi^2 \qquad (89.1)$$
の確率分布を自由度ϕのカイ2乗分布（χ^2分布）と呼び，$\chi^2(\phi)$と表示します．

自由度は，式(89.1)において独立に標準正規分布に従う確率変数の2乗の個
数です．特に，$u\sim N(0,1^2)$のとき，$u^2\sim\chi^2(1)$となります．
$\chi^2\sim\chi^2(\phi)$のとき，χ^2の期待値と分散は次のようになります．

$$E(\chi^2)=\phi \tag{89.2}$$

$$V(\chi^2)=2\phi \tag{89.3}$$

また,互いに独立に$y_1, y_2, \cdots, y_n \sim N(\mu, \sigma^2)$であるとき,

$$\bar{y} \sim N\left(\mu, \frac{\sigma^2}{n}\right) \tag{89.4}$$

$$\frac{S}{\sigma^2} = \frac{\sum_{i=1}^{n}(y_i-\bar{y})^2}{\sigma^2} \sim \chi^2(n-1) \tag{89.5}$$

となり,さらに$\bar{y}$とSは独立になります.

次に,t分布[1]の定義を述べます.

■t分布の定義

$u \sim N(0, 1^2)$,$\chi^2 \sim \chi^2(\phi)$で,独立のとき,

$$t = \frac{u}{\sqrt{\chi^2/\phi}} \tag{89.6}$$

の確率分布を自由度ϕのt分布と呼び,$t(\phi)$と表示します.

すなわち,t分布の自由度は,式(89.6)の分母にあるχ^2分布の自由度を引き継いだ関係になっています.

$t \sim t(\phi)$のとき,tの期待値と分散は次のようになります.

$$E(t)=0 \quad (\phi \geq 2 \text{のとき存在}) \tag{89.7}$$

$$V(t)=\frac{\phi}{\phi-2} \quad (\phi \geq 3 \text{のとき存在}) \tag{89.8}$$

また,互いに独立に$y_1, y_2, \cdots, y_n \sim N(\mu, \sigma^2)$であるとき,$V=S/(n-1)$(標本分散)と置きます.式(89.4)より$u=(\bar{y}-\mu)/\sqrt{\sigma^2/n} \sim N(0, 1^2)$となること,そして式(89.5),および$\bar{y}$と$S$は独立になることに注意すると,式(89.6)より次式が

---

[1] t分布をしばしば「Student の t 分布」と呼びます.Student とは,t分布を導出した Gosset が論文執筆時に用いたペンネームです.

成り立ちます.

$$t = \frac{\bar{y} - \mu}{\sqrt{V/n}} \sim t(n-1) \tag{89.9}$$

最後に, F分布[2]の定義は, 以下のとおりです.

■F分布の定義

$\chi_1^2 \sim \chi^2(\phi_1)$, $\chi_2^2 \sim \chi^2(\phi_2)$で, 独立のとき,

$$F = \frac{\chi_1^2/\phi_1}{\chi_2^2/\phi_2} \tag{89.10}$$

の確率分布を自由度(ϕ_1, ϕ_2)のF分布と呼び, $F(\phi_1, \phi_2)$と表示します.

F分布には自由度が2つあり, 式(89.10)の分子の自由度が第1自由度です. F分布もχ^2分布の自由度を引き継いだ関係になっています. 式(89.1), 式(89.6), 式(89.10)より, $\{t(\phi)\}^2 = F(1, \phi)$の関係があります. また, 式(89.2)と大数の法則より, $\phi_2 \to \infty$のとき$\chi_2^2/\phi_2 \to 1$となるので, 式(89.10)より, $\phi_1 F(\phi_1, \infty) = \chi^2(\phi_1)$の関係があります.

$F \sim F(\phi_1, \phi_2)$のとき, Fの期待値と分散は次のようになります.

$$E(F) = \frac{\phi_2}{\phi_2 - 2} \quad (\phi_2 \geq 3\text{のとき存在}) \tag{89.11}$$

$$V(F) = \frac{2\phi_2^2(\phi_1 + \phi_2 - 2)}{\phi_1(\phi_2 - 2)^2(\phi_2 - 4)} \quad (\phi_2 \geq 5\text{のとき存在}) \tag{89.12}$$

互いに独立に$y_{11}, y_{12}, \cdots, y_{1n_1} \sim N(\mu_1, \sigma_1^2)$, $y_{21}, y_{22}, \cdots, y_{2n_2} \sim N(\mu_2, \sigma_2^2)$であるとき, $V_1 = S_1/(n_1-1)$, $V_2 = S_2/(n_2-1)$と置きます. ここで, S_1は第1標本から求めた偏差平方和, S_2は第2標本から求めた偏差平方和です. 式(89.5)より$S_1/\sigma_1^2 \sim \chi^2(n_1-1)$, $S_2/\sigma_2^2 \sim \chi^2(n_2-1)$となること, そしてこれらは独立になるこ

---

2) F分布はR. A. Fisherにちなんで命名されました.

とに注意すると，式(89.10)より次式が成り立ちます．

$$F=\frac{V_1/\sigma_1^2}{V_2/\sigma_2^2}\sim F(n_1-1, n_2-1) \tag{89.13}$$

(2)　非心カイ2乗分布・非心t分布・非心F分布の定義

　非心分布はやや高度な概念ですが，その定義は難しくありません．非心カイ2乗分布の定義は次のとおりです．

■非心カイ2乗分布の定義

　$x_i \sim N(\mu_i, 1^2)\ (i=1, 2, \cdots, \phi)$で独立であるとき，

$$\chi'^2 = x_1^2 + x_2^2 + \cdots + x_\phi^2 \tag{89.14}$$

の確率分布を自由度ϕ，非心度（非心パラメータとも呼びます）$\lambda=\sum_{i=1}^{\phi}\mu_i^2$の非心カイ2乗分布（非心$\chi^2$分布）と呼び，$\chi'^2(\phi, \lambda)$と表示します．

　「非心」とは「中心がゼロでない」という意味です．$\lambda=\sum_{i=1}^{\phi}\mu_i^2=0$なら，すべての$\mu_i$がゼロなので，そのときの非心カイ2乗分布は通常のカイ2乗分布に一致します．すなわち，$\chi'^2(\phi, 0)=\chi^2(\phi)$です．

　$\chi'^2 \sim \chi'^2(\phi, \lambda)$のとき，$\chi'^2$の期待値と分散は次のようになります．

$$E(\chi'^2)=\phi+\lambda \tag{89.15}$$

$$V(\chi'^2)=2(\phi+2\lambda) \tag{89.16}$$

　次に，非心t分布の定義を述べます．ここでも「非心」は「中心がゼロでない」という意味です．

■非心t分布の定義

　$y \sim N(\lambda, 1^2)$，$\chi^2 \sim \chi^2(\phi)$で，独立のとき，

$$t' = \frac{y}{\sqrt{\chi^2/\phi}} \tag{89.17}$$

の確率分布を自由度ϕ，非心度λの非心t分布と呼び，$t'(\phi, \lambda)$と表示します.

$t'(\phi, 0) = t(\phi)$が成り立ちます.

$t' \sim t'(\phi, \lambda)$のとき，$t'$の期待値と分散は次のようになります.

$$E(t') = \frac{\lambda\sqrt{\phi/2}\,\Gamma((\phi-1)/2)}{\Gamma(\phi/2)} \quad (\phi \geq 2\text{のとき存在}) \tag{89.18}$$

$$V(t') = \frac{\phi(1+\lambda^2)}{\phi-2} - \left\{E(t')\right\}^2 \quad (\phi \geq 3\text{のとき存在}) \tag{89.19}$$

式(89.18)において，$\Gamma(\cdot)$はガンマ関数です.

最後に，非心F分布の定義を述べます.

■非心F分布の定義

$\chi_1'^2 \sim \chi'^2(\phi_1, \lambda)$，$\chi_2^2 \sim \chi^2(\phi_2)$で，独立のとき，

$$F' = \frac{\chi_1'^2/\phi_1}{\chi_2^2/\phi_2} \tag{89.20}$$

の確率分布を自由度(ϕ_1, ϕ_2)，非心度λの非心F分布と呼び，$F'(\phi_1, \phi_2 ; \lambda)$と表示します.

$F' \sim F'(\phi_1, \phi_2 ; \lambda)$のとき，$F'$の期待値と分散は次のようになります.

$$E(F') = \frac{\phi_2(\phi_1+\lambda)}{\phi_1(\phi_2-2)} \quad (\phi_2 \geq 3\text{のとき存在}) \tag{89.21}$$

$$V(F') = 2\left(\frac{\phi_2}{\phi_1}\right)^2 \left\{\frac{(\phi_1+\lambda)^2 + (\phi_1+2\lambda)(\phi_2-2)}{(\phi_2-2)^2(\phi_2-4)}\right\} \quad (\phi_2 \geq 5\text{のとき存在}) \tag{89.22}$$

Q.90★★★ 補助実験値があるときの解析法を教えてください.

A.90 実験で,因子から影響を受け,実験特性に対して影響する変数を補助実験値といいます.補助実験値を取り上げることは,因子が実験特性に及ぼす要因効果のメカニズムを解明するうえでとても有用です.ただし,因子の実験特性への要因効果の分析で,因子とともに補助実験値を説明変数にした回帰分析,すなわち共分散分析をするのは誤りです.補助実験値を説明変数に加えることで,「因子 → 補助実験値 → 実験特性」という因果の鎖が遮断されてしまうからです.

『実験計画法(下)』(田口玄一,丸善,1977年)の第28章には,補助実験値に対する解析指針として,次の記述があります.

「(1) 割付け要因と補助実験値との関係

(2) 補助実験値と最終特性との関係

(3) 割付け要因と最終特性との関係を,補助実験値に影響を与え,その結果として最終特性に影響する部分と,補助実験値を経由しないで最終特性に影響する部分の二つに分離する

の三つの解析が必要になる.」

これは驚くべき先見的記述です.(3)の指摘は,パス解析でいうところの直接効果と間接効果の分離を示唆しています.以下,実例を使って,上記3つの解析を具体的にどうやるかを説明します.

ある自動車メーカーでは,ブレーキの騒音低減とブレーキの効きを両立させるべく,ブレーキパッドに関する実験研究を行いました.最終特性として,静動 μ 低下比という望小特性を取り上げました.技術的考察から,静動 μ 低下比を低下させるには吸湿量を大きくすればよいこと,吸湿量を大きくするには,その要因変数である気孔率を大きくすることが有効であるという因果仮説を設定しました.このとき,吸湿量と気孔率が補助実験値です.

そこで,制御因子としては,気孔率に影響するであろう因子を $A \sim I$ までの

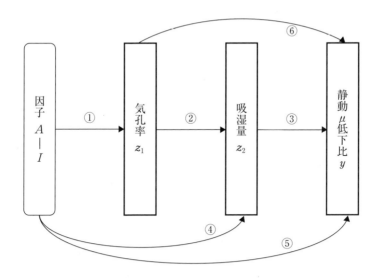

図 90.1　制御因子，補助実験値，および最終特性の因果ダイアグラム

8 因子(因子名に E は使ってません)を取り上げて，因子 A のみ 2 水準で他は 3 水準等間隔に設定して L_{18} に割り付けました.

　さて，因子 $A \sim I$ までと，補助実験値である気孔率 z_1 と吸湿量 z_2，および最終特性である静動 μ 低下比に関する因果ダイアグラムは**図 90.1** に示すものになります. ここでの矢線を実質的に意味のあるものに絞り込み，矢線に定量的情報を加えることが解析の主目的です.

　得られた実験データを**表 90.1** に示します.

　初めに**図 90.1** での①の矢線(制御因子から気孔率への要因効果)を分析するために通常の分散分析を行います. このとき，3 水準因子の効果は直交多項式を用いて 1 次効果と 2 次効果に分けています. 8 つの制御因子を割り付けたため，残差自由度が 2 と少ないので，値の小さい主効果平方和を誤差にプールした後の分散分析表を**表 90.2** に示します. 因子の添え字の L は 1 次効果，Q は 2 次効果を表します. 結果として有意な要因は F_Q と H_L でした.

　次に，**図 90.1** の②と④の 2 つの直接効果を調べるために，吸湿量を目的変

表90.1　補助実験値のある直交表実験データ

No.	A	B	C	D	F	G	H	I	z_1	z_2	y
1	1	1	1	1	1	1	1	1	18.8	0.190	0.113
2	1	1	2	2	2	2	2	2	16.2	0.195	0.080
3	1	1	3	3	3	3	3	3	22.8	0.217	0.076
4	1	2	1	1	2	2	3	3	21.5	0.202	0.100
5	1	2	2	2	3	3	1	1	18.5	0.200	0.111
6	1	2	3	3	1	1	2	2	21.0	0.207	0.105
7	1	3	1	2	1	3	2	3	19.2	0.215	0.103
8	1	3	2	3	2	1	3	1	19.9	0.200	0.106
9	1	3	3	1	3	2	1	2	18.8	0.196	0.101
10	2	1	1	3	3	2	2	1	20.3	0.195	0.123
11	2	1	2	1	1	3	3	2	22.3	0.195	0.110
12	2	1	3	2	2	1	1	3	17.6	0.180	0.106
13	2	2	1	2	3	1	3	2	19.9	0.204	0.104
14	2	2	2	3	1	2	1	3	22.5	0.190	0.127
15	2	2	3	1	2	3	2	1	16.5	0.185	0.092
16	2	3	1	3	2	3	1	2	15.4	0.174	0.114
17	2	3	2	1	3	1	2	3	18.8	0.180	0.107
18	2	3	3	2	1	2	3	1	21.0	0.210	0.098

数，気孔率を補助測定値にした共分散分析を行います．この共分散分析は因子
をダミー変数にした重回帰分析で実行できます．結果を表90.3に示します．

　吸湿量に対して直接効果をもつ制御因子が多いことが観察されます．また，
気孔率の偏回帰係数が正なのは予想どおりです．

　最後に，最終特性である静動 μ 低下比を目的変数にして，図90.1の③，⑤，
および⑥の効果を調べるべく，重回帰分析を行いました．その結果を表90.4
に示します．

　静動 μ 低下比に直接効果をもつ制御因子は因子 C と H のみです．因子 C は
吸湿量には有意な効果をもちませんでしたが，静動 μ 低下比に対しては顕著
な1次効果をもちます．この係数が負値であることは好都合で合理的です．因

表90.2　気孔率に対する分散分析表

要因	平方和	自由度	平均平方	F比	p値
D_L	2.25	1	2.25	1.36	0.268
D_Q	5.29	1	5.29	3.19	0.102
F_L	2.71	1	2.71	1.63	0.228
F_Q	24.50	1	24.50	14.77	0.003
H_L	20.80	1	20.80	12.54	0.005
H_Q	6.25	1	6.25	3.76	0.079
E	18.25	11	1.66	—	—
T	80.06	17	—	—	—

表90.3　吸湿量に対する共分散分析

要因	標準偏回帰係数	t値	p値
z_1	0.496	3.996	0.002
A	−0.489	−4.996	0.000
C_L	0.046	0.468	0.650
C_Q	0.219	2.221	0.050
D_L	0.122	1.213	0.254
D_Q	−0.387	−3.750	0.004
H_L	0.321	2.752	0.020

表90.4　静動μ低下比に対する重回帰分析

要因	標準偏回帰係数	t値	p値
z_1	0.697	3.461	0.004
z_2	−0.486	−2.296	0.038
C_L	−0.452	−2.880	0.012
H_L	−0.507	−2.576	0.024

子Hは，気孔率，吸湿量，そして静動μ低下比のいずれにも直接効果をもつ支配的因子です．いずれも1次効果をもち，その係数が気孔率と吸湿量については正値，静動μ低下比については負値というのはきわめて都合のよい結果

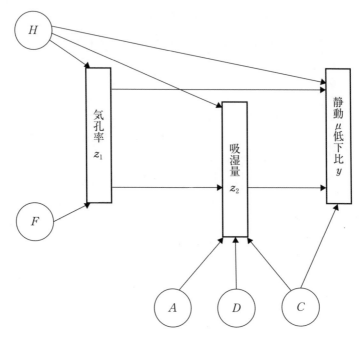

図 90.2　制御因子，補助実験値，最終特性の因果関係

です.

　吸湿量の 1 次効果が有意で負値というのは当初の因果仮説に合致します. 一方, 気孔率の直接効果も有意で, その係数が正値というのは意外な結果です. 気孔率を増加させると, 吸湿量を経由しない道で静動 μ 低下比の増加を招いてしまうのです. 以上の結果を図に表したのが**図 90.2** です.

　静動 μ 低下比に対して吸湿量を介さない直接効果をもつ制御因子は存在しません. 当初の因果メカニズムに関する仮説はかなり的を射ていたようです. 気孔率から静動 μ 低下比への直接効果が正値であることを考慮すれば, 気孔率を増加させず直接, 吸湿量を増加させるのが賢明です. そのためには因子 H が支配的であるにもかかわらず, 気孔率に直接効果をもたない因子 A, C, D による対策が望ましいかもしれません.

Q.91★★★　ハンティング現象とはどのような現象ですか.

A.91 いま，ある工程では工程平均の調節がきわめて容易に，しかも即座に行えるとします．調節というのは，原因を究明してそれを処置するのではなく，水準変更が可能なある因子の水準を変更することで，特性の平均を変える行為です．例えば，プレス工程で，板厚という品質特性が目標値よりも $10\mu\mathrm{m}$ 厚すぎたとき，その原因が何であろうと，プレス機の圧下率によって工程平均を変更するというフィードバック制御です．

　特性をある望目特性の実現値と目標値との差とします．このデータを表91.1 に示します．実はこれは標準正規乱数です．これを時系列的に打点し，平均 0 を実線で，± 3 を 1 点鎖線で記入したものが図 91.1 です．

　さて，最初の値は 1.231 なので，工程平均を 1.231 だけ小さくなるように調節します．すると 2 番目の値は $N(-1.231, 1^2)$ からの正規乱数となり，上記の標準正規乱数のもとでは，

$$-1.231 - 1.716 = -2.947$$

となっています．2 番目の値は -2.947 であるので，今度はこの分だけ工程平均を大きく調節します．この調節前の真の分布は上述の $N(-1.231, 1^2)$ なので，調節後の工程平均は，

$$-1.231 + 2.947 = 1.716$$

となります．この値は 2 番目の標準正規乱数の符号を変えたものにほかなりません．よって，3 番目の値は，これに標準正規乱数が加わった，

$$1.716 + 0.926 = 2.642$$

になります．同様にして 4 番目の値は，

$$1.716 - 2.642 + 0.067 = -0.859$$

です．以下，これと同じ調節を行ったときの特性値の推移を示したのが図91.2 です．もとの標準正規乱数に比べて，変動がだいぶ大きくなっています．1 点鎖線から外れる点も出ています．このような過度の調節によって，変動が

表91.1　実現値と目標値の差のデータ

1.231	− 1.716	0.926	0.067	− 2.271
− 1.297	− 0.219	− 0.967	− 1.469	0.298
− 0.521	− 1.800	− 0.158	− 0.921	0.092
− 1.401	0.882	− 0.554	1.847	− 0.885
0.511	0.765	0.221	2.425	− 0.365
− 1.525	− 0.390	0.484	0.172	2.293
− 1.142	− 1.105	− 1.355	− 0.958	0.878
0.826	− 0.869	0.303	0.204	− 0.101
− 0.237	0.587	0.338	− 0.713	− 0.343
− 0.970	− 0.135	1.834	1.599	0.761

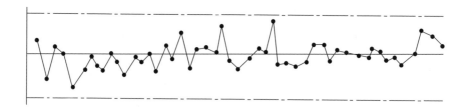

図91.1　実現値と目標値の差の推移

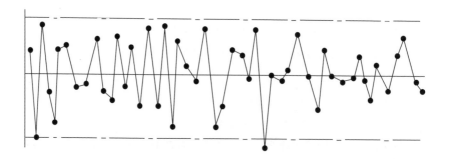

図91.2　毎回調節したときの実現値と目標値の差の推移

増幅する現象をハンティング現象といいます.

　ところで, 確率論は数学の一分野なので, このハンティング現象を数式で説明できます. いま, もとの標準正規乱数を,

　　　$u_1, u_2, \cdots, u_{50}$

と表記します. 一方, 毎回調節したときの特性の値を,

　　　$y_1, y_2, \cdots, y_{50}$

とすれば, これらの間には,

$$y_1 = u_1$$
$$y_2 = -y_1 + u_2 = -u_1 + u_2$$
$$y_3 = -y_1 - y_2 + u_3 = -u_2 + u_3 \qquad (91.1)$$
$$y_4 = -y_1 - y_2 - y_3 + u_4 = -u_3 + u_4$$
$$\vdots$$

という関係があります. すると分散の加法性より,

$$V(y_n) = V(-u_{n-1} + u_n) = 2 \qquad (91.2)$$

となり, 分散が2倍になります. これがハンティング現象の正体です.

Q.92★★★　割引係数法について教えてください.

A.92 ある時点 t での品質特性を y_t とします. 目標値は m です. その時点での真の工程平均を μ_t とします. 分散を σ^2 とし, これは t に依存しないとします.

　このとき, 調節量として, 観測値と目標値の差 $y_t - m$ に, $0 < \beta < 1$ の係数を乗じた

$$\beta(y_t - m) \qquad (92.1)$$

を採用する方法を割引係数法といいます. この β は割引係数, 調節ゲインと呼ばれます. 最適な割引係数は次のように定まります.

　いま, 調節自身には誤差はないとし, 調節の効果は1時点後にただちに現れるとします. すると, 調節したときの時点 $t+1$ での工程平均は,

$$\mu_{t+1} = \mu_t - \beta(y_t - m) \tag{92.2}$$

となります．ここでばらつきを考慮したμ_{t+1}とmと差の平均 2 乗誤差は，

$$
\begin{aligned}
E\{(\mu_{t+1} - m)^2\} \\
&= E[\{\mu_t - \beta(y_t - m) - m\}^2] \\
&= E[\{(1-\beta)(\mu_t - m) - \beta(y_t - \mu_t)\}^2] \\
&= (1-\beta)^2(\mu_t - m)^2 + \beta^2\sigma^2
\end{aligned}
\tag{92.3}
$$

となります．この期待値はy_tの分布についてとっています．この式をβで微分して 0 と置けば，最適な割引係数は，

$$\beta^* = \frac{(\mu_t - m)^2}{\sigma^2 + (\mu_t - m)^2} \tag{92.4}$$

で与えられます．この式には未知母数σ^2が含まれているので，これは管理図などからあらかじめ推定しておくことが望ましいです．

Q.93★ 「タグチメソッドは記述統計に近い」といわれますが，この意味がよくわかりません．

A.93 記述統計とは，母集団から無作為抽出した標本そのものに興味がある場合に，あるいは母集団すべてを調査して，いくつかの要約統計量を算出する行為です．選挙が終わった後に政党別の得票率を集計するのは典型的な記述統計です．これに対して，推測統計では，標本そのものに興味があるのでなく，背後にある母集団に興味があります．

パラメータ設計でも，実験した標本に興味があるのでなく，それを生み出した母集団に興味があります．この点からすれば，パラメータ設計での標本 SN 比の解析は間違いなく推測統計です．

田口先生は，「推測統計＝検定」という認識をもっておられたようです．さらには「推測統計＝統計学」という構図も抱いていたようです．それゆえ，「統計学よ，さようなら」という発言もされていました．

確かに，あらかじめ帰無仮説と対立仮説，さらに有意水準を定め，帰無仮説のもとでの検定統計量の分布から有意差判定をするという統計的検定は，タグチメソッドに限らず，品質問題すべてで馴染まないものです．しかし，これに代替する手法がない限り，我々は検定を使うしかないのです．

Q.94★★ 2水準の制御因子の水準比較をするために，繰り返し2回の完全無作為化実験を計画しました．実験順序として，サイコロを振り，偶数ならば A_1，奇数ならば A_2 と定めました．結果としてサイコロの目が 2，4 と出たので，A_1，A_1，A_2，A_2 としました．ところが，実験計画法の先生から，「これでは正しい無作為化になっていない」と言われました．どこがまずかったのですか．

A.94 たしかに，この割付けには実験者の作為は入っていません．サイコロの目に従って忠実に割り付けたのです．しかし，これは正しい無作為化になっていません．理由は次のとおりです．

この場合，実験順序は全部で以下の6通りあります．

① A_1, A_1, A_2, A_2

② A_1, A_2, A_1, A_2

③ A_1, A_2, A_2, A_1

④ A_2, A_1, A_1, A_2

⑤ A_2, A_1, A_2, A_1

⑥ A_2, A_2, A_1, A_1

それぞれが1/6の確率で生じるというのが，正しい無作為化です．ところが，質問者の割付けでは，A_1, A_1, A_2, A_2 が1/4の確率で生じます．実は，最初が A_1 だった時点で，次の配分割合を 1：2 に変えなければならなかったのです．しかし，このように毎回配分割合を変えるのは面倒です．次のようにやればよい

です. 00〜99 までの一様乱数を 4 つ発生させ, 少ない数に A_1 を割り付ければ
よいのです. 例えば, 乱数が 41, 29, 77, 13 だったら, A_2, A_1, A_2, A_1 という順序
になります. 無作為化という言葉には「等確率化」という意味が込められてい
ます.

Q.95★★　タグチの累積法とはどういう手法ですか.

A.95 二元分割表で行と列との独立性を検定するのに, カイ2乗適合度検定
統計量が使われます. 行 i, 列 j での観測度数を n_{ij}, 行和を n_{i+}, 列和を n_{+j}, 総
度数を n とそれぞれ表記したとき, 期待度数を $m_{ij} = n_{i+}n_{+j}/n$ として, カイ2乗
適合度検定統計量は,

$$\chi^2 = \sum_i \sum_j \frac{(n_{ij} - m_{ij})^2}{m_{ij}} \qquad (95.1)$$

で定義されます. しかし, この統計量は列に自然な順序があるとき, 検出力が
低いのです. 例えば, **表 95.1** のような 2 枚の分割表を考えてみましょう.

　要因 A も B も第 2 水準のほうがよいです. A と B の効果を比べると, 誰が
見ても B のほうが大きいです. しかし, カイ2乗適合度検定をすると,

$$\chi_A^2 = 7.91^* \qquad \chi_B^2 = 6.23$$

と要因 A は 5% 有意になり, 要因 B は有意ではありません. つまり, カイ2
乗適合度検定は要因効果の大きさの評価が不適当なのです. このような状況を
打破すべく田口先生が開発されたのが累積法です.

　まず, 累積法の計算手順を簡単な二元分割表(**表 95.2**)で説明します.

　初めに, この二元表を累積度数(**表 95.3**)に変えます. できあがった累積度
数データの組ごとに変動の分解を行います. ただし, この例の場合, Ⅲ組の累
積度数が水準間で等しいので解析から除きます. 各変動の算出においては, こ
の累積度数を 0 と 1 の 2 値データに戻して, 組ごとに計量値と同様の計算をし
ます. 例えば, A_1 の Ⅰ組では, 累積度数が 30 ですが, これを 30 個の 0 と 30

表95.1　列に順序のある二元分割表

	優	良	可	不可	計		優	良	可	不可	計
A_1	20	20	20	20	80	B_1	20	20	20	20	80
A_2	20	20	32	8	80	B_2	24	24	24	8	80

表95.2　列に順序のある2×3分割表

	悪い	普通	良い	計
A_1	30	0	30	60
A_2	20	20	20	60

表95.3　累積度数データ

	I組	II組	III組
A_1	30	30	60
A_2	20	40	60

個の1という形に戻します．I組ではA_1とA_2を合わせて120個の0，1データがあるわけです．

すると修正項は，以下のようになります．

$$CT_1 = \frac{(\text{I組での累積度数の総和})^2}{\text{総データ数}} = \frac{(30+20)^2}{120} = 20.833 \qquad (95.2)$$

全変動は以下のようになります．

$$S_{T1} = (\text{I組で0，1データの全2乗和}) - CT_1$$
$$= 50 - 20.833 = 29.167 \qquad (95.3)$$

A間変動も誤差変動も一元配置データと全く同様に以下のように求められます．

$$S_{A1} = \frac{30^2 + 20^2}{60} - 20.833 = 0.833 \qquad (95.4)$$

$$S_{E1} = S_{T1} - S_{A1} = 28.334 \qquad (95.5)$$

同様に，II組でも以下のようになります．

$$CT_2 = \frac{70^2}{120} = 40.833 \tag{95.6}$$

$$S_{T2} = 70 - 40.833 = 29.167 \tag{95.7}$$

$$S_{A2} = \frac{30^2 + 40^2}{60} - 40.833 = 0.833 \tag{95.8}$$

$$S_{E2} = S_{T2} - S_{A2} = 28.334 \tag{95.9}$$

次に，2項誤差分散の逆数を求め，これを各組の重みにして，全体の変動が重み付け和として算出されます．I組の累積度数の総和は50で，II組のそれは70なので，重みはそれぞれ以下のとおりです．

$$W_1 = 1 \Big/ \left\{ \frac{50}{120} \times \left(1 - \frac{50}{120} \right) \right\} = 4.114 \tag{95.10}$$

$$W_2 = 1 \Big/ \left\{ \frac{70}{120} \times \left(1 - \frac{70}{120} \right) \right\} = 4.114 \tag{95.11}$$

計算結果を分散分析表にまとめたものが**表95.4**です．ところで，先ほどの度数データを「悪い」と「普通・良い」の2水準に，また「悪い・普通」と「良い」の2水準にまとめると，**表95.5**の2枚の2×2分割表を得ます．

表95.4　累積法の分散分析表

	要因	平方和	自由度	平均平方	F 比
		6.857	2	3.429	3.47*
A	I組	0.833×4.114	1	—	—
	II組	0.833×4.114	1	—	—
		233.143	236	0.988	—
E	I組	28.334×4.114	118	—	—
	II組	28.334×4.114	118	—	—
		240.00	238	—	—
T	I組	29.167×4.114	119	—	—
	II組	29.167×4.114	119	—	—

表 95.5 列を 2 水準にまとめた分割表

	悪い	普通・良い		悪い・普通	良い
A_1	30	30	A_1	30	30
A_2	20	40	A_2	40	20

ここで，それぞれカイ 2 乗適合度検定統計量を算出すると，

$$\chi^2 = 3.429 \qquad \chi^2 = 3.429$$

を得ます．この和，

$$\chi^{2*} = 3.429 + 3.429 = 6.857 \tag{95.12}$$

は，累積法での S_A と一致します．これは偶然ではなく常に一致するのです．この統計量は近似的に自由度が(列数 − 1)のカイ 2 乗分布に従います．計算もこちらのほうが早いと思います．これが累積法の一つの解釈です．

冒頭の表 95.1 の 2 枚の二元表で累積法を適用すると，自由度 3 のカイ 2 乗分布に近似すれば，

$$\chi_A^{2*} = 6.234 \qquad \chi_B^{2*} = 8.351$$

となり，因子 A は有意でありませんが，因子 B は有意という妥当な結果を得ます．昔，田口先生と筆者との私的な会話で，先生が「累積法が完璧な手法だとは申しませんが，カイ 2 乗よりはまし」と言われた記憶を今でも鮮明に思い出すことができます．

Q.96★★ タグチの精密累積法とはどういう手法ですか．

A.96『実験計画法(下)』(田口玄一，丸善，1977 年)の第 32 章では，精密累積法は定時打ち切りのもとでの寿命データに対する要因効果解析法として導入されていますが，寿命の区間が本質的に順序のあるカテゴリーであることから，累積法と同様に，列に順序がある二元分割表の解析手法とみなせます．

寿命の場合，悪い順(寿命の短い順)に並ぶのが普通ですが，精密累積法では

区間の度数が悪いほうへ(すなわち左へ)累積されます．しかし，これ自体が累積法との本質的な違いを与えているわけではありません．累積法における累積度数データを0，1の2値データに戻したとき，0と1を反転させればよいのです．0と1の反転は線形変換なので，変動の値には影響しません．

　数値例として，累積法のときと同じ，**表96.1**を用います．

　これを**表96.2**のように精密累積データに変換します．精密累積データは，各水準での総度数から累積度数データを引けばよいのです．なお，精密累積法では，組(カテゴリー)をωで表し，これを座標因子と呼んでいます．

　精密累積法での変動は，座標因子を2次因子として割り付けた分割型直積配置における通常の変動計算により求められます．

　表96.2では，1次単位が因子Aの繰り返し$r = 60$の一元配置で，2次因子が因子ωの分割実験とみなせばよいのです．このとき，総データ数は$60 \times 4 = 240$となることに注意します．

　この場合も，最後の組ω_3ではすべての条件で0なので解析には用いません．修正項と全変動はそれぞれ，

$$CT = \frac{120^2}{240} = 60 \tag{96.1}$$

$$S_T = 120 - 60 = 60 \tag{96.2}$$

表96.1　使用する数値例(表95.2再掲)

	悪い	普通	良い	計
A_1	30	0	30	60
A_2	20	20	20	60

表96.2　精密累積データ

	ω_1	ω_2	ω_3
A_1	30	30	0
A_2	40	20	0

で，要因効果の変動は，

$$S_A = \frac{60^2 + 60^2}{120} - 60 = 0 \tag{96.3}$$

$$S_\omega = \frac{70^2 + 50^2}{120} - 60 = 1.667 \tag{96.4}$$

$$S_{A\omega} = \frac{30^2 + 30^2 + 40^2 + 20^2}{60} - 60 = 3.33 \tag{96.5}$$

$$S_{A\times\omega} = S_{A\omega} - S_A - S_\omega = 1.667 \tag{96.6}$$

となります．主効果S_Aは平均の違いを表し，交互作用$S_{A\times\omega}$はばらつきの違いを表しています．

次に，1次誤差は，1次単位が反復のない一元配置であることより，因子Aの水準内変動の和として次のように求められます．

$$S_{R1} = \frac{(1+1)^2 \times 30}{2} - \frac{60^2}{120} = 30 \tag{96.7}$$

$$S_{R2} = \frac{(1+1)^2 \times 20 + (1+0)^2 \times 20}{2} - \frac{60^2}{120} = 20 \tag{96.8}$$

$$S_{E1} = S_{R1} + S_{R2} = 50 \tag{96.9}$$

一方，2次誤差は，以下のようになります．

$$S_{E2} = S_T - (S_A + S_\omega + S_{A\times\omega} + S_{E1}) = 6.667 \tag{96.10}$$

分散分析表は，計量値の場合と同じなので省略します．要するに，精密累積法の変動計算は，形式的に座標因子が2次因子の分割実験として行えばよいのです．

Q.97★ 「繰り返し」の定義を教えてください．当たり前すぎてかえってわかりません．

A.97 確かに「繰り返し」とは「繰り返すこと」では定義になりませんね．

統計的推測の対象は個体のある集団です．個体は生物のこともあるし，部

品・製品のこともあります．実験では個体のことを実験単位と呼ぶこともあります．実験の最大の特徴は，個体に対して研究者が意図的にある条件を与えて，そのもとでの興味ある反応を測定することです．この条件を処理条件とか処理といいます．

　同じ処理を複数の個体に割り付けることを繰り返しといいます．ですから，同じ個体にある処理条件を複数回割り付けることは繰り返しではありません．さらには，ある処理を割り付けた一つの個体を経時的に複数回測定することも繰り返しではありません．これは測定の繰り返し（Repeated Measurement）と呼ばれます．

Q.98★★★　$y_1, y_2, \cdots, y_n$が互いに独立に正規分布 $N(\mu, \sigma^2)$ に従うとき，

$$\sum_{i=1}^{n} (y_i - \overline{y})^2 / \sigma^2 \tag{98.1}$$

の分布は自由度$n-1$のカイ2乗分布に従うと，品質管理セミナーで習いました．なぜ，自由度が$n-1$になるのか教えてください．セミナーでは「公式として覚えてください」といわれたもので……．

A.98 $y_1, y_2, \cdots, y_n$を次のように変数変換します．

$$x_1 = \frac{1}{\sqrt{n}}y_1 + \frac{1}{\sqrt{n}}y_2 + \cdots + \frac{1}{\sqrt{n}}y_n$$

$$x_2 = \frac{1}{\sqrt{2}}y_1 - \frac{1}{\sqrt{2}}y_2$$

$$x_3 = \frac{1}{\sqrt{6}}y_1 + \frac{1}{\sqrt{6}}y_2 - \frac{2}{\sqrt{6}}y_3 \tag{98.2}$$

$$\vdots$$

$$x_n = \frac{1}{\sqrt{n(n-1)}}y_1 + \cdots + \frac{1}{\sqrt{n(n-1)}}y_{n-1} - \frac{n-1}{\sqrt{n(n-1)}}y_n$$

すると，係数の2乗和がすべて1であることと，係数ベクトルが互いに直交していることより，$x_1, x_2, \cdots, x_n$は互いに独立に分散σ^2の正規分布に従います．また，$x_2, \cdots, x_n$の平均は，係数の和が0であることより，いずれも0なので，$(x_2^2 + \cdots + x_n^2)/\sigma^2$は自由度$n-1$のカイ2乗分布に従います（**A.89** を参照）．ところで，係数の2乗和が1であることと，係数ベクトルが互いに直交することより（すなわち，この変換は直交変換です），

$$x_1^2 + x_2^2 + \cdots + x_n^2 = y_1^2 + y_2^2 + \cdots + y_n^2 \qquad (98.3)$$

の関係にあることがわかります．一方，平方和$S = \sum_{i=1}^{n}(y_i - \bar{y})^2$は，

$$S = (y_1^2 + y_2^2 + \cdots + y_n^2) - \frac{(y_1 + y_2 + \cdots + y_n)^2}{n}$$

$$= x_2^2 + \cdots + x_n^2 \qquad (98.4)$$

です．よって題意を得ます．

Q.99★ 分散分析表におけるプーリングについて教えてください．

A.99 分散分析表において，ある要因が有意でなく，その分散比Fが小さい場合には，プーリング（pooling）がしばしば行われます．単に「プールする」と述べたりもします．プーリングは，一般に，次の手順で行われます．

（手順1）　効果がないと考えられる要因を誤差とみなし，その平方和を誤差平方和に，その自由度を誤差自由度に加える．

（手順2）　新たな誤差平方和と誤差自由度を用いて分散分析表を作り直す．

（手順3）　構造模型（データの構造式）からプールした要因効果を削除し，その構造式にもとづいて最適条件を定め，推定を行う．

プーリングを行う際の目安と注意点を述べます．あくまで目安であり，実際の場面では固有技術的な観点から適宜変更してもよいです．

① 「F が 2 以下」または「有意水準 20% で有意でない」ならプールする.

② 因子をある程度絞り込んだ後の実験(一元配置法や二元配置法等)では, 主効果はプールせず, 交互作用のみをプーリングの対象とする.

③ 因子を絞り込むための実験(多元配置法や直交表実験等)では主効果をプールしてもよい. ただし, 交互作用をプールしないなら対応する主効果もプールしない. 例えば, 交互作用 $A \times B$ をプールしないなら主効果 A も B もプールしない.

④ 直交表実験等のように誤差自由度が小さい場合には, ①の基準を緩めて考えることもある. 例えば, 誤差自由度が少なくとも 5 くらい確保できるように相対的に平方和の小さな要因をプールする.

⑤ プーリング前後の誤差の平均平方が妥当な値かどうかを考慮する.

⑥ 有意ではないがプールしなかった要因は灰色要因と考えて今後の検討材料とする.

なぜ, 上記のように若干あいまいな目安になるのかを理解してもらうために, プーリングの原理を述べます.

プーリングの対象と考えている要因効果が本当に存在しないのならプーリングによって誤差の自由度が増加するので, より精度の高い検定や推定が可能となります. しかし, その要因効果が存在するかどうかを分散分析の結果にもとづいて判定するところに不正確さが生じ, 必ずしも精度が上がるとはいえない側面があります. 言い換えれば次のようになります. 分散分析で行っている要因効果の検定において, 帰無仮説は「H_0:該当する要因効果が存在しない」であり, 対立仮説は「H_1:該当する要因効果が存在する」です. 検定では有意であれば対立仮説を積極的に支持できますが, 有意でないときには帰無仮説を積極的には支持できません. したがって, データのみから要因効果が存在しないと断定はできません.

以上のように, プーリングにはあいまいな点があります. しかし, 重回帰分析の変数選択と同様のことを行っていると考えられます. 重回帰分析において変数を重回帰式に取り込むかどうかの判断基準として分散比が 2.0 よりも大き

いかどうかがよく用いられます．このような視点から，上記のプーリングの目
安が存在します．

Q.100★★ 行数と列数の大きい繰り返しのない二元配置での交互作用解析に主成分分析が有用だと聞きました．具体的にどうやるのですか．

A.100 例を使って説明します．

　ある化学工程で，反応温度を因子 A，触媒添加量を因子 B にして，収率を
特性値にした実験を考えます．そのデータを表 100.1(A)に示します．

　前処理として，生データから行平均と列平均を引いて総平均を足す，という
二重中心化で残差

$$z_{ij} = y_{ij} - \bar{y}_{i\cdot} - \bar{y}_{\cdot j} + \bar{y}_{\cdot\cdot} \tag{100.1}$$

を求めます．それを表 100.1(B)に示します．

　この残差データを，形式的に因子 A をサンプル，因子 B を変数とした多次
元データとみなして主成分分析を行います．主成分分析は相関係数行列でなく
偏差積和行列から出発します．この点に注意してください．主成分分析の解析
結果で，第1固有値と対応する大きさ1の固有ベクトルが直接役に立ちます．

　固有値の和は，二元表を分散分析したときの残差平方和 S_E に一致します．

表 100.1　化学反応工程の収率データと残差

	(A)					(B)			
	B_1	B_2	B_3	B_4		B_1	B_2	B_3	B_4
A_1	78.1	77.3	74.3	70.4	A_1	5.35	0.59	-2.71	-3.23
A_2	83.7	86.3	84.3	74.8	A_2	3.70	2.34	0.04	-6.08
A_3	77.8	83.0	86.7	81.8	A_3	-2.25	-1.01	2.39	0.87
A_4	71.1	77.4	79.1	79.6	A_4	-3.43	-1.09	0.31	4.19
A_5	66.2	72.7	73.8	74.7	A_5	-3.38	-0.84	-0.04	4.24

このデータでは，$S_E = 176.15$ で，その自由度は 12 です．第 1 固有値は $\lambda_1 = 158.71$ で，$158.71/176.15 = 0.90$ が第 1 主成分で説明されています．その中身を表す固有ベクトルは，

$$(-0.6351, -0.2130, 0.1564, 0.7097)$$

で，ほぼ 1 次式対比の係数になっています．つまり，因子 B の 1 次効果が A の水準間で異なっているというのが，交互作用の主たる中身です．

　では，A の水準でどう異なっているかを見るために，今度は残差行列を転置し，すなわち，因子 B をサンプル，因子 A を変数とした多次元データに対して主成分分析を行います．固有値は先の分析と一致します．固有ベクトルは，

$$(-0.5029, -0.5734, 0.2124, 0.4361, 0.4278)$$

となり，ほぼ $\{A_1, A_2\}$，$\{A_3\}$，$\{A_4, A_5\}$ の 3 群に分かれます．群内では B の 1 次効果は等しく，群間で異なります．このように，自由度 12 の残差平方和から 90%の寄与率をもつ 1 つの交互作用成分（自由度はほぼ 2）を抽出できたことになります．2 つの制御因子，あるいは制御因子と標示因子の二元配置で，水準数がいずれも大きいときに，この主成分分析が有効です[3]．

---

3)　この方法は，以下の論文によって提案されました．
- 宮川雅巳(1993)：「交互作用解析と主成分分析」，『標準化と品質管理』，46，[12]，pp.56-62.

あ と が き

　私が宮川雅巳氏と出会ったのは 40 年前の春休みでした．当時は，統計学の若手研究者の集まりとしてスプリングセミナーが開催されていました．いろいろな大学で統計学を専攻する若手教員や大学院生が集まって，研究発表，ソフトボール，飲み会をして懇親を深める合宿形式のワークショップでした．当時，宮川氏は東京工業大学の修士 2 年生，私は大阪大学の修士 1 年生でした．宮川氏は信頼性工学に関する研究成果を発表されていました．「革ジャンを着ているかっこよくて優秀な人がいるな」といった印象をもちました．

　その後も，学会や研究会などで顔を合わせ，飲み会を重ねていましたが，多くの友人のなかの一人という程度のつきあいだったと思います．

　宮川氏と親密になったのは 1995 年頃からです．日本品質管理学会の計画研究会としてテクノメトリックス研究会が設立されました．宮川氏は初代主査でした．私にもメンバーに加わるように声をかけてくださいました．この研究会の主要テーマはグラフィカルモデリングとタグチメソッドでした．

　私はタグチメソッドをこの研究会で学びました．宮川氏と椿広計氏から薫陶を受けました．お二人は田口玄一先生を熱烈に信奉されていました．

　こうしたなか，田口先生が MT システムを提案されて，技術者の間に急速に普及していきました．私はこの分野に興味をもち，研究室の学生とさまざまなアプローチを考え，研究を深めていきました．

　このような経緯があって，今回，本書の執筆のお誘いをいただきました．宮川氏と共著で本書を上梓できることを非常に嬉しく思っています．本書に込めた私たちの思いが読者の皆様に伝わり，お仕事に役立つことを願っています．最後に，いろいろご教示いただいたテクノメトリックス研究会のメンバーの方々，一緒に研究してきた私の研究室出身者の方々に心より感謝いたします．

2021 年 12 月

永田　靖

参考文献

本書の執筆に当たり参考にした文献を挙げます(著者の五十音訓順).

[1] 圓川隆夫, 宮川雅巳(1992)：『SQC　理論と実際』, 朝倉書店.

[2] 河村敏彦(2011)：『ロバストパラメータ設計』, 日科技連出版社.

[3] 河村敏彦, 高橋武則(2013)：『統計モデルによるロバストパラメータ設計』, 日科技連出版社.

[4] 田口玄一(1976)：『実験計画法(上)　第 3 版』, 丸善.

[5] 田口玄一(1977)：『実験計画法(下)　第 3 版』, 丸善.

[6] 田口玄一(1999)：『タグチメソッド　わが発想法』, 経済界.

[7] 田口玄一, 兼高達貳(2002)：『MT システムにおける技術開発』, 日本規格協会.

[8] 立林和夫(2004)：『入門タグチメソッド』, 日科技連出版社.

[9] 立林和夫(編著), 手島昌一, 長谷川良子(著)(2008)：『入門 MT システム』, 日科技連出版社.

[10] 椿広計, 河村敏彦(2008)：『設計科学におけるタグチメソッド』, 日科技連出版社.

[11] 永田靖(2000)：『入門実験計画法』, 日科技連出版社.

[12] 永田靖(2009)：『統計的品質管理』, 朝倉書店.

[13] 永田靖, 棟近雅彦(2001)：『多変量解析法入門』, サイエンス社.

[14] 宮川雅巳(1998)：『統計技法』, 共立出版.

[15] 宮川雅巳(2000)：『品質を獲得する技術』, 日科技連出版社.

[16] 宮川雅巳(2006)：『実験計画法特論』, 日科技連出版社.

[17] 宮川雅巳, 青木敏(2018)：『分割表の統計解析』, 朝倉書店.

[18] 山田秀(2004)：『実験計画法—方法編—』, 日科技連出版社.

索　引

●著者紹介

宮川雅巳（みやかわ　まさみ）

　東京工業大学工学院経営工学系　教授

【略歴】

1957 年　生まれ

1979 年　東京工業大学工学部卒業

1982 年　東京工業大学大学院理工学研究科博士後期課程退学（工学博士）

　東京工業大学工学部助手，東京理科大学理工学部講師・助教授，東京大学工学部助教授を経て，1999 年より現職

【主な著作】

　『品質を獲得する技術』『実験計画法特論』（以上，日科技連出版社），『品質管理』『SQC 理論と実際』『グラフィカルモデリング』『経営工学の数理〈1〉』『経営工学の数理〈2〉』『統計的因果推論』『分割表の統計解析：二元表から多元表まで』（以上，朝倉書店），『SQC の基本』（日本規格協会），他

永田　靖（ながた　やすし）

　早稲田大学創造理工学部経営システム工学科　教授

【略歴】

1957 年　生まれ

1985 年　大阪大学大学院基礎工学研究科博士後期課程修了（工学博士）

　熊本大学工学部専任講師，岡山大学経済学部助教授，教授を経て，1999 年より現職

【主な著作】

　『入門統計解析法』『統計的方法のしくみ』『入門実験計画法』『SQC 教育改革』『統計的方法の考え方を学ぶ』（以上，日科技連出版社），『サンプルサイズの決め方』『統計的品質管理』『統計学のための数学入門 30 講』（以上，朝倉書店），『品質管理のための統計手法』（日本経済新聞出版），他

タグチメソッドの探究

技術者の疑問に答える 100 問 100 答

2022 年 1 月 26 日　第 1 刷発行

著　者　宮　川　雅　巳
　　　　永　田　　　靖
発行人　戸　羽　節　文

検　印
省　略

発行所　株式会社 日科技連出版社
〒151-0051　東京都渋谷区千駄ヶ谷5-15-5
DS ビル
電話　出版　03-5379-1244
　　　営業　03-5379-1238

Printed in Japan

印刷・製本　東港出版印刷

© *Masami Miyakawa, Yasushi Nagata 2022*
ISBN 978-4-8171-9750-4
URL https://www.juse-p.co.jp/